農業簿記検定問題集

1級（原価計算編）

大原出版

はじめに

わが国の農業は、これまで家業としての農業が主流で、簿記記帳も税務申告を目的とするものでした。しかしながら、農業従事者の高齢化や耕作放棄地の拡大など、わが国農業の課題が浮き彫りになるなか、農業経営の変革が求められています。一方、農業に経営として取り組む農業者も徐々に増えてきており、農業経営の法人化や6次産業化が着実にすすみつつあります。

当協会は、わが国の農業経営の発展に寄与することを目的として平成5年8月に任意組織として発足し、平成22年4月に一般社団法人へ組織変更いたしました。これまで、当協会では農業経営における税務問題などに対応できる専門コンサルタントの育成に取り組むとともに、その事業のひとつとして農業簿記検定に取り組んできており、このたびその教科書として本書を作成いたしました。

本来、簿記記帳は税務申告のためにだけあるのではなく、記帳で得られる情報を経営判断に活用することが大切です。記帳の結果、作成される貸借対照表や損益計算書などの財務諸表から問題点を把握し、農業経営の発展のカギを見つけることがこれからの農業経営にとって重要となります。

本書が、農業経営の発展の礎となる農業簿記の普及に寄与するとともに、広く農業を支援する方々の農業への理解の一助となれば幸いです。

一般社団法人 全国農業経営コンサルタント協会
会長　森　剛一

●本書の利用にあたって●

本問題集は、姉妹編の「農業簿記検定教科書１級原価計算編」に準拠した問題集です。教科書の学習された進度にあわせてご利用下さい。目次の問題番号に教科書の該当ページが記載されておりますので、当該教科書のページの学習が終わられました際にご解答下さい。

問題２－１（教科書Ｐ.43）材料費会計－⑴原材料勘定の金額算定

⇒　教科書Ｐ.43までの学習で解答が可能となります。

農業簿記検定の突破のためには、教科書を読んで理解することはもとより、実際に問題集をご解答いただき、復習を行っていただくことが必要です。何度も繰り返しご解答いただくことで検定試験突破に必要な学力を身につけることが可能となります。

農業簿記検定問題集
１級（原価計算編）

目　次

第１章　農業原価計算総論
本章には問題の配当はありません。

第２章　費目別計算……………………………………………………………………2
問題２－１（教科書P.43）材料費会計－(1)　原材料勘定の金額算定 …2
問題２－２（教科書P.36）材料費会計－(2)　材料消費額の計算 ………4
問題２－３（教科書P.37）材料費会計－(3)　購入原価の算定 …………6
問題２－４（教科書P.37）材料費会計－(4)　材料副費の取扱い ………7
問題２－５（教科書P.38）材料費会計－(5)　農業会計の例外的な会計処理…8
問題２－６（教科書P.43）材料費会計－(6)　棚卸減耗損 ………………9
問題２－７（教科書P.48）労務費会計－(1)　未払賃金のない場合 ……11
問題２－８（教科書P.48）労務費会計－(2)　未払賃金がある場合 ……13
問題２－９（教科書P.52）労務費会計－(3)　作業員の消費賃率 ………15
問題２－10（教科書P.54）労務費会計－(4)　超過勤務手当の取扱い …16
問題２－11（教科書P.59）経費会計 ……………………………………17
問題２－12（教科書P.63）製造間接費会計－(1)　予定配賦と実際配賦…18
問題２－13（教科書P.63）製造間接費会計－(2)　製造間接費の集計 …20
問題２－14（教科書P.68）製造間接費会計－(3)　固定予算の差異分析…21
問題２－15（教科書P.71）製造間接費会計－(4)　公式法変動予算の差異分析①…22
問題２－16（教科書P.71）製造間接費会計－(5)　公式法変動予算の差異分析②…23

第３章　部門別計算……………………………………………………………………25
問題３－１（教科書P.77）部門別計算・第１次集計 ……………………25
問題３－２（教科書P.79）部門別計算・第２次集計（直接配賦法）……26
問題３－３（教科書P.81）部門別計算・第２次集計（階梯式配賦法）…27
問題３－４（教科書P.81）部門別計算・第２次集計（階梯式配賦法）…28
問題３－５（教科書P.83）部門別計算・第２次集計（簡便法の相互配賦法）…29
問題３－６（教科書P.85）部門別計算・第２次集計（連立方程式法）…30
問題３－７（教科書P.92）部門別計算・予定配賦と第１次～第３次集計…31

問題３－８（教科書Ｐ.94）部門別計算・予算差異の費目別分析 ………33
問題３－９（教科書Ｐ.95）部門共通費の配賦（一般費の処理）…………35

第４章　個別原価計算…………………………………………………………37
問題４－１（教科書Ｐ.104）個別原価計算　原価計算表の作成・仕掛品勘定の記入…37
問題４－２（教科書Ｐ.104）個別原価計算　単純個別原価計算の記帳方法…39
問題４－３（教科書Ｐ.106）原価計算表の作成・分割納入制……………41

第５章　総合原価計算…………………………………………………………43
問題５－１（教科書Ｐ.114）単純総合原価計算　期末仕掛品の評価方法の推定…43
問題５－２（教科書Ｐ.115）単純総合原価計算　純粋先入先出法………44
問題５－３（教科書Ｐ.118）度外視法……………………………………45
問題５－４（教科書Ｐ.121）飼育日数を加味した度外視法⑴・非度外視法⑴…46
問題５－５（教科書Ｐ.121）飼育日数を加味した度外視法⑵・非度外視法⑵…47
問題５－６（教科書Ｐ.125）副産物等の処理……………………………48
問題５－７（教科書Ｐ.128）異常仕損の処理⑴…………………………49
問題５－８（教科書Ｐ.131）工程別総合原価計算・累加法……………50
問題５－９（教科書Ｐ.135）工程別総合原価計算・予定振替原価の利用…52
問題５－10（教科書Ｐ.137）加工費工程別総合原価計算………………54
問題５－11（教科書Ｐ.144）連産品原価の計算①………………………56
問題５－12（教科書Ｐ.144）連産品原価の計算②………………………57

問　題　編

第２章　費目別計算

問題２－１　材料費会計－(1)　原材料勘定の金額算定

⇒ 解答Ｐ.60

以下の取引について仕訳を行い、さらに原材料勘定の空欄に金額を埋めなさい。なお、実際消費量については、原材料は継続記録法、補助材料は棚卸計算法によって計算し、消費価格については、原材料は先入先出法、補助材料は総平均法によって計算している。また、仕訳に用いる勘定科目名は原材料勘定を参照して答えること。なお、補助材料も原材料勘定を用いて処理をすることとする。

４月１日：前月繰越　原材料　100kg　@200円　20,000円
　　　　　　　　　　補助材料　200個　@50円　10,000円
５日：原材料63,000円（300kg）を掛で購入した。
６日：補助材料48,000円（800個）を掛で購入した。
11日：原材料250kgを生産指示書＃100に出庫した。
18日：原材料51,250円（250kg）を掛で購入した。
22日：原材料300kgを間接材料として出庫した。
30日：補助材料の月末実地棚卸量は300個であり、間接材料費を計上した。
30日：原材料の月末実地棚卸量は90kgであった。このため、棚卸減耗損を計上した。

〔答案用紙〕

	(借	方)	(貸	方)
5日：		円		円
6日：		円		円
11日：		円		円
18日：		円		円
22日：		円		円
30日：		円		円
30日：		円		円

原　材　料　(単位：円)

4/1	前月繰越	(　　)	4/11	仕掛品	(　　)
5	買掛金	(　　)	22	製造間接費	(　　)
6	買掛金	(　　)	30	製造間接費	(　　)
18	買掛金	(　　)	30	棚卸減耗損	(　　)
			30	次月繰越	(　　)
		(　　)			(　　)
5/1	前月繰越	(　　)			

問題２－２　材料費会計ー(2)　材料消費額の計算

⇒ 解答Ｐ.62

次の〔**資料**〕に基づいて、諸問に答えなさい。

〔**資料**〕

主要材料（種苗）について

継続記録法による出入記録を行っている。当月の入庫及び出庫の状況は以下のとおりであった。なお、前月繰越は、@490円、100kgであった。

入庫			出庫	
日付	単価（円）	数量（kg）	日付	数量（kg）
6／2	@508	200	6／4	250
6／12	@516	300	6／18	230

（注）　当月末に行った実地棚卸の結果、棚卸減耗は存在しなかった。

問１　主要材料（種苗）の実際消費価格の計算方法として、先入先出法を採用している場合

①　実際消費価格を用いた場合の材料費

②　予定消費価格（@500円）を用いた場合の材料消費価格差異

③　月末材料在高

問２　主要材料（種苗）の実際消費価格の計算方法として、総平均法を採用している場合

①　実際消費価格を用いた場合の材料費

②　予定消費価格（@500円）を用いた場合の材料消費価格差異

③　月末材料在高

問３　主要材料（種苗）の実際消費価格の計算方法として、移動平均法を採用している場合

①　実際消費価格を用いた場合の材料費

②　予定消費価格（@500円）を用いた場合の材料消費価格差異

③　月末材料在高

〔**答案用紙**〕 (注) カッコ内には「借方・貸方」を明記すること。

問１

① 円

② 円（　　）

③ 円

問２

① 円

② 円（　　）

③ 円

問３

① 円

② 円（　　）

③ 円

問題2－3　材料費会計－(3)　購入原価の算定

⇒ 解答P.64

当農園は遠隔地より肥料を200kg仕入れている。そこで以下の資料に基づいて、各問に答えなさい。

〔資料〕

1．材料主費（購入代価）

送り状価額　150,000円（200kg）

2．材料副費

購入事務費	800円	手　入　費	400円	引取運賃	1,600円
選　別　費	900円	買入手数料	2,100円	関　　税	650円
検　収　費	600円	整　理　費	300円	荷　役　費	500円
保　険　料	800円	保　管　費	700円		

問1　材料副費のうち引取費用（外部材料副費）のみを含める場合の購入原価を算定しなさい。

問2　材料副費のうち引取費用（外部材料副費）と内部材料副費のうち選別費と手入費のみを含める場合の購入原価を算定しなさい。

問3　すべての材料副費を含める場合の購入原価を算定しなさい。

〔答案用紙〕

問1	円
問2	円
問3	円

問題2－4　材料費会計－(4)　材料副費の取扱い

⇒ 解答P.65

当農園は遠隔地より肥料を仕入れている。そこで以下の資料に基づいて、各問に答えなさい。なお、計算の遅延化を防ぐために内部材料副費について予定配賦計算を行っている。

〔資料〕

1．年間材料予算

(1)　予定購入量：9,600kg

(2)　内部材料副費：172,800円

2．当月材料実績

(1)　材料主費（購入代価）

送り状価額　150,000円（200kg）

(2)　材料副費

購入事務費	800円	手入費	400円	引取運賃	1,600円
選別費	900円	買入手数料	2,100円	関税	650円
検収費	600円	整理費	300円	荷役費	500円
保険料	800円	保管費	700円		

問1　年間予定購入量を基礎として内部材料副費予定配賦率（一括配賦率）を求めなさい。

問2　実際購入原価を算定しなさい。なお、外部材料副費については、そのすべての実際発生額を購入原価に算入することとする。

問3　当月実績より、内部材料副費配賦差異を算定しなさい。

〔答案用紙〕（注）括弧内には「有利・不利」を明記すること。

問1　　　　円/kg

問2　　　　円

問3　　　　円（　　）

問題２－５　材料費会計－(5)　農業会計の例外的な会計処理

⇒ 解答P.65

当農企業においては材料の会計処理について、農業会計上の簡便的な処理を採用している。そこで、以下の各問に答えなさい。

問１　当社では購入した種苗は倉庫に保管せず、即座に消費している。そのため、原材料勘定を設けずに種苗費勘定を用いて処理を行っている。購入代価が50,000円、外部材料副費が2,000円であった場合の仕訳を行いなさい。なお、すべての金額は未払いであり、購入代価分については買掛金勘定、外部材料副費分については未払金勘定を用いることとする。

問２　当社では購入代価4,000円、外部材料副費500円で肥料を購入している。当該肥料は間接材料費として棚卸計算法を適用する材料であり、購入時に原材料勘定を使用せず、肥料費勘定で処理することとする。購入代価分は買掛金勘定、外部材料副費分は未払金勘定を用いている。当該取引に関する仕訳を行いなさい。

問３　問２で処理を行った肥料について、期末に200円分が在庫として認識された。当該取引の仕訳を行いなさい。棚卸資産は原材料勘定で処理する。

〔答案用紙〕

（単位：円）

	（借　　方）		（貸　　方）	
	勘定科目	金額	勘定科目	金額
問１				
問２				
問３				

問題２－６　材料費会計－(6)　棚卸減耗損

⇒ 解答Ｐ.66

当社では、継続記録法により材料の実際消費量を計算しており、毎月末に実地棚卸を行うことで棚卸減耗を把握している。次の〔**資料**〕に基づいて、以下の諸問に答えなさい。

〔**資料**〕

当月の入庫及び出庫の状況は以下のとおりであった。なお、前月繰越は80kgであった。

入庫			出庫	
日付	単価（円）	数量（kg）	日付	数量（kg）
4／5	@2,510	500	4／10	480
4／20	@2,520	300	4／25	330

（注）当月末の材料実地棚卸高は68kgであった。

問１　材料消費額に実際消費価格を用いている場合、諸勘定の記入を行い、また、当月の棚卸減耗損を算定しなさい。なお、材料の払出単価計算は先入先出法による。月初在高の単価は@2,490円であった。

問２　材料消費額に予定消費価格（@2,500円）を用いている場合、諸勘定の記入を行い、また、当月の棚卸減耗損と材料消費価格差異を算定しなさい。なお、材料の実際払出単価計算は先入先出法による。月初在高の単価は@2,490円であった。

問３　購入の都度、予定価格（@2,500円）で受入計算を行っている場合、当月の棚卸減耗損と材料受入価格差異合計を算定しなさい。なお、月初在高の単価は@2,500円であった。

〔答案用紙〕（注）括弧内には「有利・不利」を明記すること。

問１　棚卸減耗損　　　　円

原　材　料　（単位：円）

4/1　前月繰越		4/10 仕 掛 品	
4/5　買 掛 金		4/25 仕 掛 品	
4/20 買 掛 金		4/30 棚卸減耗損	
		4/30 次月繰越	
5/1　前月繰越			

仕　掛　品　（単位：円）

4/10 原 材 料			
4/25 原 材 料			

問２　棚卸減耗損　　　　円

材料消費価格差異　　　　円（　　）

原　材　料　（単位：円）

4/1　前月繰越		4/10 仕 掛 品	
4/5　買 掛 金		4/25 仕 掛 品	
4/20 買 掛 金		4/30 材料消費価格差異	
		4/30 棚卸減耗損	
		4/30 次月繰越	
5/1　前月繰越			

仕　掛　品　（単位：円）

4/10 原 材 料			
4/25 原 材 料			

問３　棚卸減耗損　　　　円

材料受入価格差異　　　　円（　　）

原　材　料　（単位：円）

4/1　前月繰越		4/10 仕 掛 品	
4/5　買 掛 金		4/25 仕 掛 品	
4/20 買 掛 金		4/30 棚卸減耗損	
		4/30 次月繰越	
5/1　前月繰越			

仕　掛　品　（単位：円）

4/10 原 材 料			
4/25 原 材 料			

問題２－７　労務費会計－(1)　未払賃金のない場合

⇒ 解答Ｐ.68

作業員の労務費に関する下記の〔資料〕に基づいて、諸問に答えなさい。

〔資料〕

1．支払賃金　支払賃率　すべて800円/時間

就業時間　500時間（＝直接作業400時間＋間接作業80時間＋手待20時間）

そのほかに次の加給金が支給された。

残業手当　60,000円

危険作業手当　100,000円

2．加給金以外の手当　住宅手当　10,000円

通勤手当　5,000円

3．控除額　社会保険料（預り金）　23,000円

所得税住民税（預り金）　54,000円

4．給与計算期間と原価計算期間は一致している。なお、給与は同月末に支払われた。

5．消費賃金の計算には、予定消費賃率（1,100円/時間）を用いる。

問１　①　支払賃金を算定しなさい。

②　給与支給総額を算定しなさい。

③　現金支給額を算定しなさい。

④　次の科目を用いて給与支給時の仕訳を示しなさい。

「賃金、諸手当、現金、預り金」

問２　①　実際消費賃率を算定しなさい。なお、消費賃率は基本給と加給金を基礎として決定する。

②　賃率差異を算定しなさい。なお、括弧内には「有利・不利」を記入すること。

③　直接労務費を算定しなさい。

④　間接労務費を算定しなさい。

⑤　賃金勘定の記入を行いなさい。

〔答案用紙〕

問１　①　　　　　　円　　②　　　　　　円

③　　　　　　円

④　　　　　　　　　　　　　　　　（単位：円）

（借）　　　　　　　　　　（貸）

問２　①　　　　　　円/時間　　②　　　　　　円（　　）

③　　　　　　円　　④　　　　　　円

⑤

賃　　　金　　　（単位：円）

諸　　口		仕　掛　品	
		製造間接費	
		賃率差異	

問題２－８　労務費会計－⑵　未払賃金がある場合

⇒ 解答Ｐ.70

次の〔資料〕に基づいて、当農園の原価計算期間（５月１日から５月31日まで）における５月の賃金勘定・諸手当勘定を記入しなさい（日付不要）。

〔資料〕

１．給与計算期間は４月21日から５月20日までであり、５月25日に支払われる。

２．当月の給与支給総額

	作業員
基本給	18,000,000円
加給金	2,900,000円
諸手当	800,000円
合計	21,700,000円

３．作業員実際就業時間

	４月21日～４月30日	５月１日～５月20日	５月21日～５月31日
加工時間	7,100時間	12,200時間	6,900時間
段取時間	100時間	430時間	70時間
間接作業時間	350時間	2,600時間	400時間
手待時間	50時間	170時間	(注)30時間

（注）手待時間のうち、20時間は異常な原因（普段は発生しない特別な事情）によるものである。

４．作業員の予定消費賃率は、900円/時間である。

５．作業員の未払賃金は予定消費賃率を用いて計算する。

〔答案用紙〕

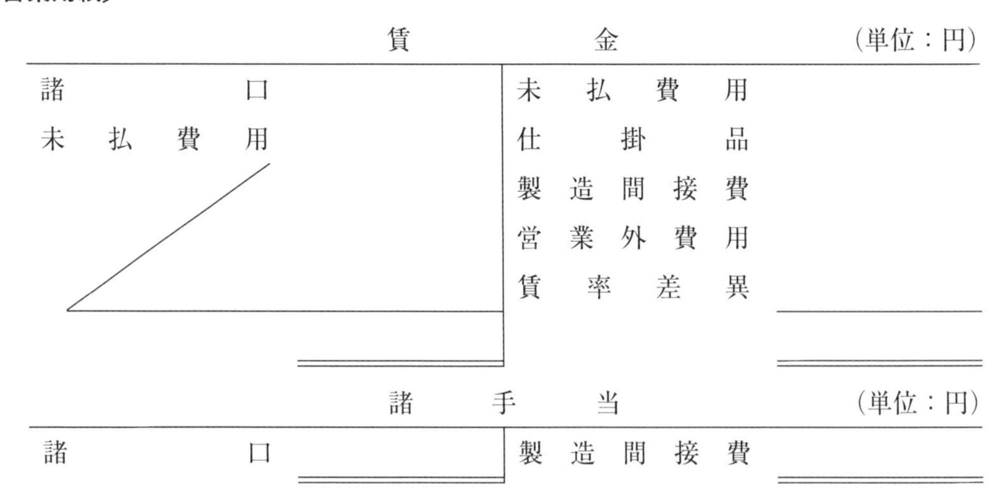

賃　　金　（単位：円）

諸　口		未払費用	
未払費用		仕掛品	
		製造間接費	
		営業外費用	
		賃率差異	

諸　手　当　（単位：円）

諸　口		製造間接費	

問題2－9　労務費会計－(3)　作業員の消費賃率

⇒ 解答P.71

作業員の労務費にかかる下記の〔資料〕に基づいて、諸問に答えなさい。

〔資料〕

1．当月の各作業員の基本給

(1) 稲作作業

	基本給	就業時間
A氏	100,000円	140時間
B氏	90,000円	160時間

(2) 野菜作業

	基本給	就業時間
C氏	70,000円	120時間
D氏	32,000円	80時間

2．当月の各種手当

(1) 残業手当　15,000円（A氏：12,000円、B氏3,000円）

(2) 危険作業手当　7,000円（B氏：5,000円、C氏2,000円）

(3) 家族手当　3,000円（A氏：1,400円、B氏1,600円）

(4) 通勤手当　8,000円（1人当たり2,000円）

3．原価計算期間と給与計算期間は一致している。

問1　個別賃率を求めなさい。

問2　総平均賃率を求めなさい。

問3　職種別平均賃率を求めなさい。

〔答案用紙〕

問1

A氏	円/時間	B氏	円/時間
C氏	円/時間	D氏	円/時間

問2　円/時間

問3

稲作作業	円/時間	野菜作業	円/時間

問題2－10　労務費会計－(4)　超過勤務手当の取扱い

⇒ 解答P.72

次の〔資料〕に基づき、当月の賃金勘定を完成させなさい。なお、給与計算期間と原価計算期間は一致している。

〔資料〕

1．作業員の予定賃率は、以下の年間予算データに従い算定する。

基本賃金	加給金	予定総就業時間
9,000,000円	600,000円	12,000時間

(注)　当社では、作業員の定時間外作業手当は、消費賃率算定の基礎としていない。したがって、上記加給金には定時間外作業手当が含まれていない。定時間外作業賃率は、定時間内作業賃率の25%増しとして処理し、割増分は間接労務費として処理する。

2．作業員の出勤票、作業時間報告票は以下のとおりである。

出勤票	定時間内就業時間	1,050時間
	*定時間外就業時間	100時間
作業時間報告票	直接作業時間	1,000時間
	間接作業時間	150時間

*：定時間外就業時間は、月末に生じたものである。

3．当月の給与支給票（一部）

基本賃金	加給金	超過勤務手当	諸手当	控除額
890,000円	48,000円	24,000円	80,000円	104,000円

〔答案用紙〕

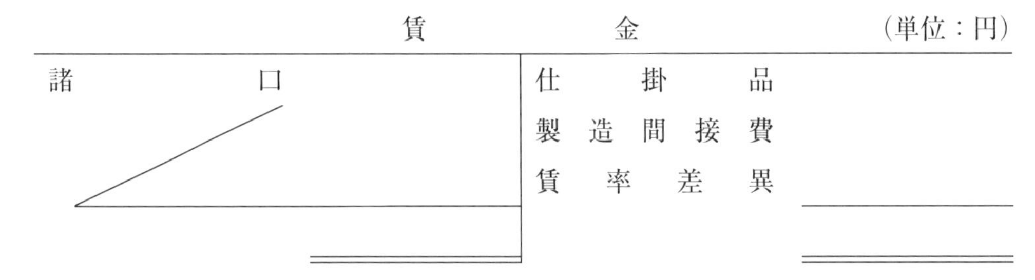

問題２－11　経費会計

⇒ 解答Ｐ.72

下記の〔**資料**〕に基づいて、当月のそれぞれの金額を算定しなさい。

〔**資料**〕

1．作業委託費35,800円を当月中に支払った。この中には前月未払額18,000円が含まれている。またこのほかに当月未払額25,000円が存在する。

2．電力料50,810円（うち、基本料金11,060円）の支払請求があった。なお、電力会社による検針は、前月20日が33,923千kw、当月20日が34,241千kwであった。また、自社による検針は、前月末が34,033千kw、当月末が34,349千kwであった。

3．地代賃借料は年間900,000円である。

4．当月末に材料の実地棚卸を行った結果、実地棚卸高は2,576,000円であった。なお、月末の帳簿棚卸高は2,610,000円である。

〔**答案用紙**〕

支払経費	円
測定経費	円
月割経費	円
発生経費	円

問題２－12　製造間接費会計－(1)　予定配賦と実際配賦

⇒ 解答Ｐ.73

製造間接費に関する次の〔**資料**〕に基づいて、設問に答えなさい。

〔**資料**〕

1．年間予算データ

(1)　年間予算額

間接材料費	2,040,000円
間接労務費	1,200,000円
間 接 経 費	1,560,000円
	4,800,000円

(2)　製造間接費の配賦基準として、作業面積（㎡）を採用している。

(3)　計画作業面積等　3,000㎡

2．当月実績データ

(1)　当月実際発生額

間接材料費	155,300円
間接労務費	110,700円
間 接 経 費	126,400円
	392,400円

(2)　実際作業面積　　作物Ａ　140㎡
　　　　　　　　　　作物Ｂ　100㎡

3．その他

(1)　当月の予算及び計画作業面積は、年間の12分の１である。

(2)　使用する勘定科目名は、「仕掛品・諸口・製造間接費配賦差異」である。

問１　製造間接費の予定配賦を行う場合

①　予定配賦率を算定しなさい。

②　予定配賦額を算定しなさい。

③　製造間接費勘定の記入を行いなさい。

問２　製造間接費の実際配賦を行う場合

①　実際配賦額を算定しなさい。

②　製造間接費勘定の記入を行いなさい。

〔答案用紙〕

問１　①　　　円/㎡

②　作物Ａ　　　円

作物Ｂ　　　円

③

製　造　間　接　費　（単位：円）

借方	金額	貸方	金額
諸　　　口		仕　　掛　　品	
		製造間接費配賦差異	

問２　①　作物Ａ　　　円

作物Ｂ　　　円

②

製　造　間　接　費　（単位：円）

借方	金額	貸方	金額
諸　　　口		仕　　掛　　品	

問題2－13　製造間接費会計－(2)　製造間接費の集計

⇒ 解答P.75

以下の〔**資料**〕に基づいて、製造間接費の実際発生額を答えなさい。

〔**資料**〕

費　　目	金　　額	費　　目	金　　額
*1種苗費	（各自計算）円	一般管理費	2,200,000円
*1棚卸減耗損	（各自計算）円	肥料費	250,000円
作業員直接作業分	3,000,000円	*2作業委託費	600,000円
作業員間接作業分	1,800,000円	*3事務所の机・椅子等	400,000円
福利施設負担額	150,000円	*4作業場減価償却費	2,000,000円
広告宣伝費	2,500,000円	直売所販売員給料	2,000,000円
*5作業場固定資産税	150,000円	有価証券売却損	80,000円

＊1：月初有高は450,000円、当月購入高は5,550,000円、月末帳簿残高は520,000円、月末実際残高は500,000円である。種苗費はすべて直接材料として使用されている。月末帳簿残高と月末実際残高の差は、正常な差額である。

＊2：特定の作物に対して生じた作業委託に関するものであり、直接費として扱う。

＊3：耐用年数1年未満である。

＊4：月額である。長期休止設備の減価償却費が450,000円含まれている。

＊5：月額である。

〔**答案用紙**〕

円

問題2－14　製造間接費会計－(3)　固定予算の差異分析

⇒ 解答P.76

製造間接費に関する〔資料〕に基づいて、諸問に答えなさい。

〔資料〕

1．月間予算

(1)　計画作業面積　　8,000㎡

(2)　製造間接費予算　1,004,000円

2．当月実績

(1)　製造間接費実際発生額

間接材料費	186,000円
間接労務費	510,000円
間 接 経 費	330,500円
	1,026,500円

(2)　実際作業面積　7,400㎡

3．使用する勘定科目名

仕掛品・諸口・予算差異・操業度差異

問1　計画作業面積における予算額を算定しなさい。

問2　予定配賦率を算定しなさい。

問3　予定配賦額を算定しなさい。

問4　実際操業度における予算額（予算許容額）を算定しなさい。

問5　差異分析を行い、製造間接費勘定の記入を行いなさい。

〔答案用紙〕

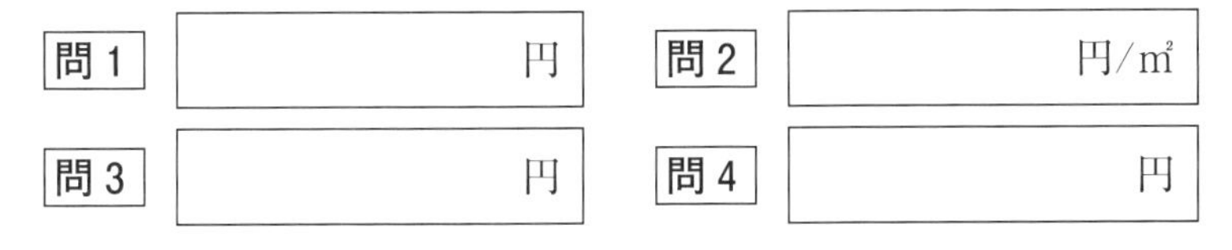

問5

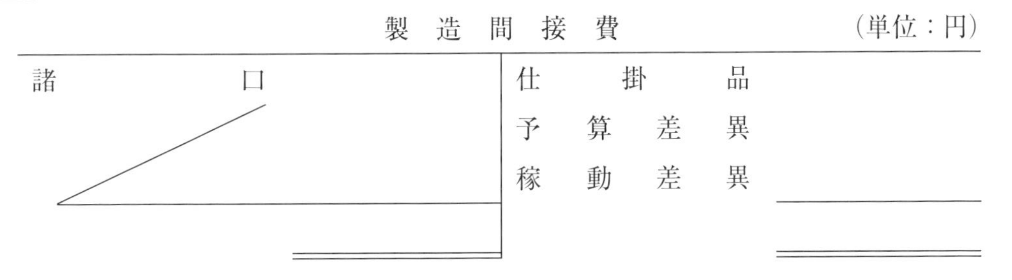

問題２－15　製造間接費会計－⑷　公式法変動予算の差異分析①

⇒ 解答Ｐ.77

製造間接費に関する〔**資料**〕に基づいて、諸問に答えなさい。

〔**資料**〕

1．月間予算（公式法変動予算）

⑴　計画作業面積　　　8,000㎡

⑵　製造間接費予算　1,004,000円（うち、変動費予算：400,000円）

2．当月実績

⑴　実際作業面積　　　　　7,850㎡

⑵　製造間接費実際発生額　1,009,500円（うち、変動費実際発生額：395,500円）

問１　予定配賦率を算定しなさい。

問２　差異分析を行い、〔**答案用紙**〕に記載のある差異を算定しなさい。不利差異には、「－」を附すこと。

〔**答案用紙**〕

問１　　　　　円/㎡

問２

総　差　異	円
変動費予算差異	円
固定費予算差異	円
稼　動　差　異	円

問題2－16　製造間接費会計－(5)　公式法変動予算の差異分析②

⇒ 解答P.78

製造間接費に関する〔**資料**〕に基づいて、諸問に答えなさい。

〔**資料**〕

1．月間予算（公式法変動予算）

(1)　計画作業面積　8,000㎡

(2)　製造間接費予算（単位：円）

費　目	合計額	変動費	固定費
肥　料　費	120,000	120,000	—
作業場消耗品費	60,000	40,000	20,000
作業員間接作業	420,000	160,000	260,000
機械減価償却費	114,000	—	114,000
農場監督者給料	60,000	—	60,000
修　繕　費	230,000	80,000	150,000

2．当月実績

なお、実際作業面積は、7,850㎡であった。

費　目	合計額	変動費	固定費
肥　料　費	180,000	180,000	—
作業場消耗品費	58,250	38,250	20,000
作業員間接作業	380,000	120,000	260,000
機械減価償却費	114,000	—	114,000
農場監督者給料	60,000	—	60,000
修　繕　費	207,250	57,250	150,000

問1　予定配賦率を算定しなさい。

問2　差異分析を行い、〔**答案用紙**〕に記載のある差異を算定しなさい。不利差異には、「－」を附すこと（以下、同様）。

問3　予算差異を費目別に算定しなさい。

〔答案用紙〕

問１

円/㎡

問２

総　差　異	円
予算差異	円
稼動差異	円

問３

費目	金額
肥料費	円
作業場消耗品費	円
作業員間接作業	円
機械減価償却費	円
農場監督者給料	円
修繕費	円
予算差異合計	円

第３章　部門別計算

問題３－１　部門別計算・第１次集計

⇒ 解答P.81

二つの製造部門及び二つの補助部門を有して部門別計算を行っている当社の以下の〔**資料**〕に基づき、部門費集計表を作成しなさい。なお、計算上端数が生じる場合には、円未満を四捨五入すること。

〔資料〕

１．製造間接費の内訳

(1) 部門個別費

育苗部門	栽培部門	修繕部門	トラクター部門
960,000円	640,000円	240,000円	180,000円

(2) 部門共通費

作業場減価償却費　600,000円

基　本　電　力　料　500,000円

福　利　厚　生　費　200,000円

２．部門共通費配賦基準

	育苗部門	栽培部門	修繕部門	トラクター部門
占有面積	1,080㎡	1,620㎡	360㎡	540㎡
馬力時間数	5,850時間	5,200時間	1,950時間	—
従業員数	60人	42人	12人	6人

〔答案用紙〕

部門費集計表　　(単位：円)

費目	合計	製造部門		補助部門	
		育苗部門	栽培部門	修繕部門	トラクター部門
部門個別費					
部門共通費					
作業場減価償却費					
基本電力料					
福利厚生費					
部門費					

問題３－２　部門別計算・第２次集計（直接配賦法）

⇒ 解答Ｐ.81

直接配賦法により、補助部門費の製造部門への配賦を行いなさい。

〔資料〕

１．部門費実際発生額（部門共通費配賦後・単位：円）

費　目	製造部門		補助部門		
	育苗部門	栽培部門	トラクター部	修繕部	農場事務部
部門費合計	259,200	238,200	86,000	103,000	50,000

２．補助部門費の配賦基準（実際用役消費量）

配賦基準	製造部門		補助部門		
	育苗部門	栽培部門	トラクター部	修繕部	農場事務部
修繕時間	40時間	10時間	５時間	—	—
トラクター運転時間	285分	285分	—	—	—
従業員数	27人	18人	３人	１人	１人

〔答案用紙〕

補助部門費配賦表　（単位：円）

費　目	合　計	製造部門		補助部門		
		育苗部門	栽培部門	トラクター部	修繕部	農場事務部
部門費合計						
農場事務部費						
修繕部費						
トラクター費						
製造部門費						

問題3－3　部門別計算・第2次集計（階梯式配賦法）

⇒ 解答P.82

階梯式配賦法により、補助部門費の製造部門への配賦を行いなさい。

〔資料〕

1．部門費実際発生額（部門共通費配賦後・単位：円）

費　目	製　造　部　門		補　助　部　門		
	育苗部門	栽培部門	A補助部	B補助部	C補助部
部門費合計	580,000	650,000	54,000	43,000	50,000

2．補助部門費の配賦基準（実際用役消費量）

配賦基準	製　造　部　門		補　助　部　門		
	育苗部門	栽培部門	A補助部	B補助部	C補助部
A補助部	200時間	150時間	—	—	25時間
B補助部	18人	17人	3人	—	2人
C補助部	400kwh	100kwh	35kwh	—	—

〔答案用紙〕

補助部門費配賦表　　（単位：円）

費　目	合　計	製　造　部　門		補　助　部　門		
		育苗部門	栽培部門			
部門費合計						
製造部門費						

問題３－４　部門別計算・第２次集計（階梯式配賦法）

⇒ 解答Ｐ.83

階梯式配賦法により、補助部門費の製造部門への配賦を行いなさい。解答にあたって端数が生じる場合には、小数点以下第１位を四捨五入すること。

〔資料〕

1．部門費実際発生額（部門共通費配賦後・単位：円）

費　目	製　造　部　門		補　助　部　門		
	育苗部門	栽培部門	A補助部	B補助部	C補助部
部門費合計	7,500,000	5,000,000	3,000,000	3,000,000	3,000,000

2．補助部門費の配賦基準（実際用役消費量）

配賦基準	製　造　部　門		補　助　部　門		
	育苗部門	栽培部門	A補助部	B補助部	C補助部
A補助部門配賦基準	500時間	300時間	—	200時間	—
B補助部門配賦基準	6,000kwh	9,000kwh	1,000kwh	—	—
C補助部門配賦基準	8人	7人	2人	3人	1人

〔答案用紙〕

補助部門費配賦表　　（単位：円）

費　目	合　計	製　造　部　門		補　助　部　門		
		育苗部門	栽培部門			
部門費合計						
・						
製造部門費						

問題3－5　部門別計算・第2次集計（簡便法の相互配賦法）

⇒ 解答P.84

簡便法の相互配賦法（要綱の相互配賦法）により、補助部門費の製造部門への配賦を行いなさい。解答上端数が生じる場合には、円未満を四捨五入せよ。

〔資料〕

1．部門費実際発生額（部門共通費配賦後・単位：円）

費　目	製　造　部　門		補　助　部　門		
	育苗部門	栽培部門	トラクター部	修　繕　部	農場事務部
部門費合計	8,308,000	5,324,500	2,337,500	3,150,000	1,500,000

2．補助部門費の配賦基準（実際用役消費量）

配賦基準	製　造　部　門		補　助　部　門		
	育苗部門	栽培部門	トラクター部	修　繕　部	農場事務部
トラクター部　運転時間	580時間	520時間	—	—	—
修繕部　修繕時間	250時間	125時間	50時間	—	25時間
農場事務部　従業員数	80人	50人	20人	10人	5人

〔答案用紙〕

補助部門費配賦表　（単位：円）

費　目	合　計	製　造　部　門		補　助　部　門		
		育苗部門	栽培部門	トラクター部	修　繕　部	農場事務部
部門費合計						
第1次配賦						
農場事務費						
修　繕　費						
トラクター費						
第2次配賦						
農場事務費						
修　繕　費						
トラクター費						
製造部門費						

問題３－６　部門別計算・第２次集計（連立方程式法）

⇒ 解答Ｐ.85

連立方程式法により、補助部門費の製造部門への配賦を行いなさい。

〔資料〕

１．部門費実際発生額（部門共通費配賦後・単位：円）

費　目	製造部門		補助部門		
	育苗部門	栽培部門	トラクター部	修繕部	農場事務部
部門費合計	6,200,000	5,980,000	2,800,000	1,445,500	1,470,000

２．補助部門費の配賦基準

配賦基準	製造部門		補助部門		
	育苗部門	栽培部門	トラクター部	修繕部	農場事務部
トラクター運転時間	700分	700分	―	―	―
修繕時間	48時間	32時間	20時間	―	―
従業員数	20人	15人	10人	5人	5人

〔答案用紙〕

補助部門費配賦表　　(単位：円)

費　目	合　計	製造部門		補助部門		
		育苗部門	栽培部門	トラクター部	修繕部	農場事務部
部門費合計						
農場事務部費						
修繕部費						
トラクター部費						
製造部門費						

問題３－７　部門別計算・予定配賦と第１次～第３次集計

⇒ 解答Ｐ.86

次の〔**資料**〕に基づいて、下記の設問に答えなさい。

〔**資料**〕

１．年間予算データ

(1) 年間部門費予算額

費目	育成部	肥育部	飼料部	修繕部
間接材料費	18,700,000円	7,600,000円	4,000,000円	2,700,000円
間接労務費	6,000,000円	10,000,000円	2,400,000円	5,000,000円
建物減価償却費	33,000,000円			
福利施設負担額	48,000,000円			

(2) 部門共通費配賦基準

	合計	育成部	肥育部	飼料部	修繕部
占有面積（㎡）	6,000	3,000	1,500	600	900
従業員数（人）	800	480	300	10	10

(3) 補助部門費の配賦基準

	合計	育成部	肥育部	飼料部	修繕部
飼料供給量（kg）	16,000	10,000	6,000	—	—
修繕時間（h）	5,000	2,400	2,400	200	—

(4) 各製造部門の計画作業面積等（本問では飼育日数を用いる。）

育成部：66,450日　　肥育部：30,000日

２．当月実績データ

(1) 当月部門費実際発生額

費目	育成部	肥育部	飼料部	修繕部
間接材料費	1,538,200円	630,750円	403,500円	220,000円
間接労務費	492,500円	843,250円	277,900円	420,000円

(2) 補助部門費の配賦基準

	合計	育成部	肥育部	飼料部	修繕部
飼料供給量（kg）	1,200	800	400	—	—
修繕時間（h）	400	200	185	15	—

(3) 各製造部門の実際飼育日数

育成部：5,470日　　肥育部：2,470日

3．その他のデータ

(1) 補助部門費の製造部門への配賦方法としては、直接配賦法を採用している。

(2) 部門共通費は予算通り発生している。

(3) 月間の予算および計画作業面積等は、年間の12分の１である。

(4) 補助部門費配賦金額については、実際発生額を配賦すること。

(5) 計算上端数が生じ割り切れない場合には四捨五入をすること。但し、小数点以下の金額が出ても割り切れた場合にはそのまま四捨五入せずに解答することとする。

問１ 製造部門費予定配賦率を算定しなさい。

問２ 各製造部門の予定配賦額を算定しなさい。

問３ 各製造部門の原価差異を予算差異と稼動差異に分けて算定しなさい。なお、不利差異の場合は、「△（マイナス）」を付すこと。

〔答案用紙〕

問１

育　成　部　＿＿＿＿＿＿円/日　　肥　育　部　＿＿＿＿＿＿円/日

問２

育　成　部　＿＿＿＿＿＿円　　肥　育　部　＿＿＿＿＿＿円

問３

	育　成　部	肥　育　部
予　算　差　異	円	円
稼　動　差　異	円	円

問題３－８　部門別計算・予算差異の費目別分析

⇒ 解答Ｐ.89

当社は、二つの製造部門（育成部門・肥育部門）と一つの補助部門（動力部門）を有しており、製造間接費について、毎月これを部門別の変動予算（公式法）により管理している。以下の〔資料〕に基づいて、諸問に答えなさい。

〔資料〕

1．月次予算の編成

(1)　9月期の各部門の計画作業面積等

（育成部門は直接作業時間を適用、動力部門はkwhを適用）

育成部門：4,000直接作業時間　　肥育部門：（省略）

動力部門：3,400kwh（育成部門：2,000kwh、肥育部門：1,400kwh）

(2)　補助部門における変動費・固定費は製造部門においても同様に扱う。

2．実際原価の部門別計算

(1)　9月期の各部門の実際操業度

育成部門：3,862直接作業時間　　肥育部門：（省略）

動力部門：3,281kwh（育成部門：1,962kwh、肥育部門：1,319kwh）

(2)　補助部門費の各製造部門への配賦額は、補助部門費予定配賦率に当該補助部門の各製造部門に対する実際用役提供量を乗じて計算する。

3．部門別予算と実績（肥育部門については省略している）

(1)　育成部門

	固定費	変動費率	実　績
部門個別費			
間接材料費	―　円	150円	585,000円
作業員間接作業	740,000円	80円	1,068,300円
機械減価償却費	1,000,000円	―　円	1,000,000円
部門共通費			
福利厚生費	360,000円	―　円	357,000円
補助部門費配賦額			
動力部門費	（　　）	（　　）	（　　）
合　計	（　　）	（　　）	（　　）

(2) 動力部門

	固定費	変動費率	実　績
部門個別費			
⋮	⋮	⋮	⋮
合　計	510,000円	80円	781,820円

問1 育成部門費予定配賦率を算定しなさい。

問2 各部門の配賦差異を算定し、それを予算差異と稼動差異に分析しなさい。なお、不利差異には「－」を附し、不要な欄には「― (バー)」を附すこと (以下同様)。

問3 育成部門の予算実績比較表を作成しなさい。

〔答案用紙〕

問1 育成部門 　　　　円/時

問2

	予算差異	稼動差異
育成部門	円	円
動力部門	円	円

問3

費　目	予算許容額	実際発生額	予算差異
間接材料費	円	円	円
作業員間接作業	円	円	円
機械減価償却費	円	円	円
福利厚生費	円	円	円
動力部門費	円	円	円
合　計	円	円	円

問題３－９　部門共通費の配賦（一般費の処理）

⇒ 解答Ｐ.93

当社は、部門別原価計算を実施している。当月は家畜Ａと家畜Ｂのみを飼育し両者とも飼育が終了した。以下の〔資料〕に基づき諸問に答えなさい。

〔資料〕

１．当月における製造間接費の内訳は以下のとおり。

⑴　部門個別費

	育成部門	肥育部門	動力部門	合　計
部門個別費	90,000円	70,000円	50,000円	210,000円

⑵　部門共通費

建物減価償却費　246,000円　　守衛費等その他　54,000円

２．部門共通費の配賦基準

	育成部門	肥育部門	動力部門
占有面積	240㎡	220㎡	155㎡

なお、守衛費等その他については、適切な配賦基準が得られないため、一般費（補助部門費）として扱い、各製品の受注金額を基準として製品へ直接配賦する。各製品の受注金額は以下のとおり。

	家畜Ａ	家畜Ｂ
受注金額	876千円	1,314千円

３．各製造部門の補助部門用役実際消費量

	育成部門	肥育部門
動力消費量	1,110kwh	740kwh

４．製造部門費は直接作業時間を配賦基準として、各製品に配賦している。当月の実績は以下のとおり。

	家畜Ａ	家畜Ｂ
育成部門	274時間	359時間
肥育部門	215時間	305時間

問１　部門費集計表を作成しなさい。

問２　勘定記入を行いなさい。なお、勘定を締め切る必要はない。

〔答案用紙〕

問１

部門費集計表　　　　(単位：円)

費目	合計	育成部門	肥育部門	動力部門	一般費
部門個別費					
部門共通費					
建物減価償却費					
守衛費等その他					
部門費合計					
動力部門費					
製造部門費					

問２　(単位：円)

育成部門

諸口	(　　　)
(　　　)	(　　　)

仕掛品－家畜A

(　　　)	(　　　)
(　　　)	
(　　　)	

肥育部門

諸口	(　　　)
(　　　)	(　　　)

仕掛品－家畜B

(　　　)	(　　　)
(　　　)	
(　　　)	

動力部門

諸口	(　　　)
	(　　　)

一般費

諸口	(　　　)
	(　　　)

第４章　個別原価計算

問題４－１　個別原価計算　原価計算表の作成・仕掛品勘定の記入

⇒ 解答P.95

当社では実際単純個別原価計算を実施している。次の〔**資料**〕より指示書別原価計算表と仕掛品勘定の記入を行いなさい。

〔**資料**〕

1．材料費（種苗費）

材料消費価格　200円/kg

材料実際消費量　900kg（直接材料のみである）

2．労務費

消費賃率　400円/時間

作業員実際直接作業時間　1,500時間

3．経費

直接経費（作業委託費）　210,000円

4．製造間接費

製造間接費として集計された金額の合計　450,000円

5．当期指示書別資料

	ジャガイモ	タマネギ	ニンジン
直接材料消費量	200kg	300kg	400kg
直接作業時間	350時間	650時間	500時間
直接経費	70,000円	90,000円	50,000円

6．その他

(1)　製造間接費は、実際発生額を直接作業時間に基づいて各指示書に配賦している。

(2)　ジャガイモは前期より作業を開始したものである。前期に要した原価は165,000円であり、当期中に完成した。

(3)　タマネギは当期より作業を開始し、当期中に完成した。

(4)　ニンジンは当期より作業を開始したが、期末仕掛となっている。

〔答案用紙〕

当期指示書別原価計算表　（単位：円）

	ジャガイモ	タマネギ	ニンジン	合　計
期首仕掛品原価				
当期製造費用				
直接材料費				
直接労務費				
直接経費				
製造間接費				
合　計				
備　考				

仕　掛　品　（単位：円）

前期繰越	（　　）	製品	（　　）
原材料	（　　）	次期繰越	（　　）
賃金	（　　）		
経費	（　　）		
製造間接費	（　　）		
	（　　）		（　　）

問題4－2　個別原価計算　単純個別原価計算の記帳方法

⇒ 解答P.96

当社では実際個別原価計算を実施している。次の〔**資料**〕より答案用紙の形式に従い、各勘定の記入を行いなさい。

〔**資料**〕

1．原材料費

原材料購入原価　300,000円（1,200kgを掛購入）

原材料消費価格　250円/kg

原材料実際消費量　1,010kg（内訳：直接材料消費量910kg、間接材料消費量100kg）

2．労務費

当期支給総額　510,000円

消費賃率　300円/時間

作業員実際作業時間　1,700時間（内訳：直接作業時間1,400時間、間接作業時間300時間）

3．経費

直接経費　250,000円

間接経費　207,000円

4．当期指示書別資料

	ジャガイモ	タマネギ	ニンジン
直接材料消費量	210kg	400kg	300kg
直接作業時間	320時間	600時間	480時間
直接経費	125,000円	65,000円	60,000円

5．その他

(1)　製造間接費は、直接作業時間に基づいて各指示書に配賦している。

(2)　ジャガイモは前期より作業を開始したものである。前期に要した原価は20,000円であり、当期中に完成した。

(3)　タマネギは当期より作業を開始し、当期中に完成した。

(4)　ニンジンは当期より作業を開始し、当期末現在、作業は継続中である。

〔答案用紙〕

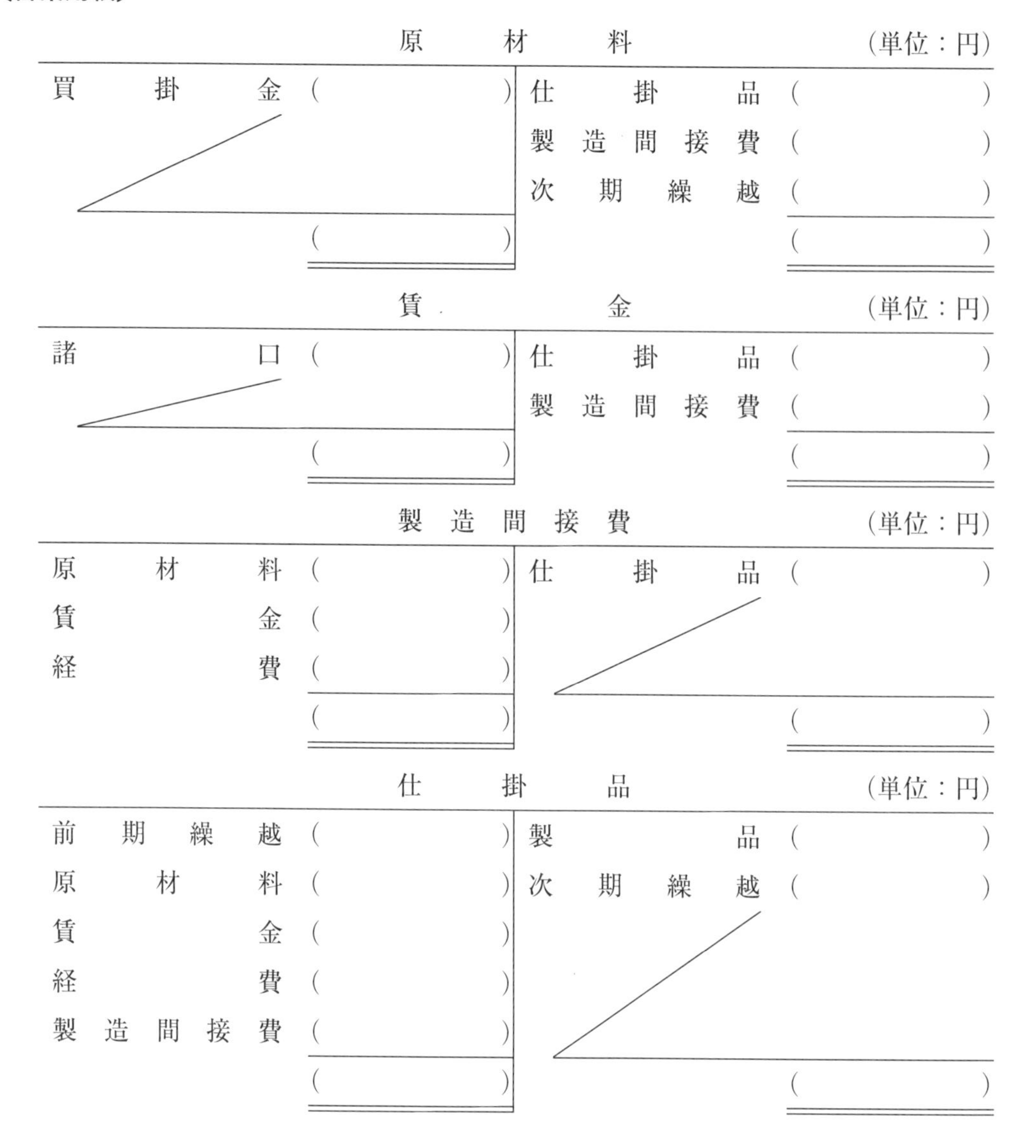

原材料 (単位：円)

借方		貸方	
買掛金	( )	仕掛品	( )
		製造間接費	( )
		次期繰越	( )
	( )		( )

賃金 (単位：円)

借方		貸方	
諸口	( )	仕掛品	( )
		製造間接費	( )
	( )		( )

製造間接費 (単位：円)

借方		貸方	
原材料	( )	仕掛品	( )
賃金	( )		
経費	( )		
	( )		( )

仕掛品 (単位：円)

借方		貸方	
前期繰越	( )	製品	( )
原材料	( )	次期繰越	( )
賃金	( )		
経費	( )		
製造間接費	( )		
	( )		( )

問題４－３　原価計算表の作成・分割納入制

⇒ 解答P.98

当社では実際個別原価計算を実施している。製造に必要な直接材料は生産開始時に必要量を全量投入している。次の〔**資料**〕に基づいて、以下の各問に答えなさい。

〔**資料**〕

1．生産資料

生産指示書名	ジャガイモ	タマネギ	ニンジン
生産命令数量	300個	600個	400個
前期投入分			
直接材料消費量	750kg	―	―
直接作業時間	168時間	―	―
当期投入分			
直接材料消費量	―	1,200kg	800kg
直接作業時間	420時間	750時間	675時間
備考	・前期着手	・当期着手	・当期着手
	・前期末全量仕掛中	・当期末400個完成、収穫	・当期末全量仕掛中、未収穫
	・当期末全量完成、収穫	200個仕掛中（未収穫）	
		（全育成日数180日のうち90日終了）	

2．材料予定消費価格、予定消費賃率及び製造間接費予定配賦率

材料予定消費価格　　500円/kg

予定消費賃率　　1,000円/時間

製造間接費予定配賦率　　800円/時間（直接作業時間を配賦基準にしている）

3．分割納入制を採用していた場合の計算データ

(1)　タマネギの未収穫だった200個に要した加工費は600個全体の加工費のうちの20%だった。

(2)　直接材料費は完成品も期末仕掛品も同額の単価とする。

問１　一括納入制を採用した場合の指示書別原価計算表を作成しなさい。

問２　以前より分割納入制を採用した場合の納入製品の完成品原価を算定しなさい。

〔答案用紙〕

問１

当期指示書別原価計算表　(単位：円)

	ジャガイモ	タマネギ	ニンジン	合　計
期首仕掛品原価				
当期製造費用				
直接材料費				
直接労務費				
製造間接費				
合　計				
備　考				

問２　納入製品の完成品原価　　円

第５章　総合原価計算

問題５－１　単純総合原価計算　期末仕掛品の評価方法の推定

⇒ 解答Ｐ.99

次の〔**資料**〕に基づいて、期末仕掛品原価及び完成品原価を求めなさい。なお、月末仕掛品の評価方法は各自推定すること。

〔資料〕

Ⅰ　生産データ

期首仕掛品	1,250頭
当期投入	3,750頭
合計	5,000頭
期末仕掛品	1,000頭
完成品	4,000頭

Ⅱ　原価データ

期首仕掛品原価	16,125,000円
当期製造費用	
素畜費	7,500,000円
加工費	72,270,000円

（注）１．完成品の家畜の飼育日数は180日である。期末仕掛品となった家畜は72日の飼育が終了している。また、期首仕掛品だった家畜の飼育日数は108日である。なお期末仕掛品となった家畜の素畜費は2,000,000円であった。

２．素畜は工程の始点で投入されている。

〔答案用紙〕

期末仕掛品原価	円	完成品原価	円

問題５－２　単純総合原価計算　純粋先入先出法

⇒ 解答Ｐ.100

次の〔資料〕に基づいて、設問に答えなさい。

〔資料〕

Ⅰ　生産データ（単位：頭）

期首仕掛品	54
当期投入	200
合計	254
期末仕掛品	40
完成品	214

Ⅱ　原価データ（単位：円）

期首仕掛品原価	
素畜費	918,000
加工費	291,600
当期製造費用	
素畜費	3,500,000
加工費	3,969,000

(注) 1．完成品の家畜の飼育日数は180日である。期首仕掛品の家畜の前期までの飼育日数は45日、期末仕掛品の家畜の飼育日数は90日である。期末仕掛品となった家畜の素畜費は700,000円であった。

2．素畜は工程の始点で投入される。

問１　修正先入先出法（＝平均法を加味した先入先出法＝完成品単位原価が単一の平均単価となる先入先出法＝通常の先入先出法）による完成品単位原価を計算しなさい。なお、計算結果に端数が生じる場合には小数点以下第３位を四捨五入すること（以下同様）。

問２　純粋先入先出法による完成品単位原価を計算しなさい。

〔答案用紙〕

問１

素畜費	加工費
円/頭	円/頭

問２

	素畜費	加工費
期首仕掛完成分	円/頭	円/頭
当期着手完成分	円/頭	円/頭

問題5－3　度外視法

⇒ 解答P.101

次の〔資料〕に基づき、問に答えなさい。

〔資料〕

1．生産データ

期首仕掛品	5,000羽
当期投入	12,000羽
合計	17,000羽
正常仕損品	1,000羽
期末仕掛品	4,000羽
完成品	12,000羽

2．原価データ

期首仕掛品原価	
素畜費	5,000,000円
加工費	30,000,000円
当期製造費用	
素畜費	13,200,000円
加工費	144,000,000円

3．その他の資料

(1) 素畜はすべて工程の始点で投入している。

(2) 正常仕損費の処理方法は、度外視法による。ここでの度外視法は正常仕損について分離計算を行わず、かつ負担関係や負担割合も考慮せずに自動的に完成品と期末仕掛品に仕損費を負担させるものである。

(3) 完成品となる家畜の飼育日数は100日、期首仕掛品の家畜の飼育日数は60日、正常仕損品となった飼育日数は50日、期末仕掛品の家畜の飼育日数は75日であった。

問　期末仕掛品の評価方法を先入先出法とした場合の完成品原価及び期末仕掛品原価を求めなさい。期末仕掛品となった家畜の素畜費は4,800,000円であった。

〔答案用紙〕

問　完成品原価　[　　　　]円　　期末仕掛品原価　[　　　　]円

問題５－４　飼育日数を加味した度外視法(1)・非度外視法(1)

⇒ 解答Ｐ.101

当工場では、単純総合原価計算を採用している。次の〔資料〕に基づき、下記の各問に答えなさい。

〔資料〕

１．生産データ

期首仕掛品	150羽
当期投入	890羽
合計	1,040羽
正常仕損品	40羽
期末仕掛品	60羽
完成品	940羽

２．原価データ

期首仕掛品原価	
素畜費	1,208,900円
加工費	362,880円
当期製造費用	
素畜費	7,111,100円
加工費	2,067,360円

(注)１．素畜は工程の始点で全量投入される。

２．仕損品評価額は、総額で190,000円であり、素畜の価値に依存している。

３．完成品の家畜の飼育日数は100日である。また、期首仕掛品となった家畜の飼育日数は80日、期末仕掛品となった家畜の飼育日数は60日、正常仕損品となった家畜の飼育日数は50日であった。なお正常仕損費を負担させる前の期末仕掛品となった家畜の素畜費は479,400円であった。

４．計算上の端数の処理は、計算の都度円位未満を四捨五入する。

問１　先入先出法により、期末仕掛品原価及び完成品原価を算定しなさい。なお、正常仕損品は当期投入からのみ生じているものとし、仕損費の処理方法は飼育日数を加味した度外視法による。

問２　先入先出法により、期末仕掛品原価及び完成品原価を算定しなさい。なお、正常仕損品は当期投入からのみ生じているものとし、仕損費の処理方法は非度外視法による。

〔答案用紙〕

問１ 期末仕掛品原価	円	完成品原価	円
問２ 期末仕掛品原価	円	完成品原価	円

問題5－5　飼育日数を加味した度外視法(2)・非度外視法(2)

⇒ 解答P.103

次の〔資料〕に基づき、諸問に答えなさい。

〔資料〕

1．生産データ

期首仕掛品	25頭
当期投入	420頭
投入合計	445頭
正常仕損品	10頭
期末仕掛品	35頭
完成品	400頭
産出合計	445頭

2．原価データ

期首仕掛品原価	
素畜費	251,800円
加工費	75,270円
当期製造費用	
素畜費	4,305,000円
加工費	3,199,820円

3．計算条件

(1) 素畜はすべて工程の始点で投入されている。

(2) 正常仕損品の評価額は35,000円（総額）である。

(3) 完成品の家畜の飼育日数は100日であった。また、期首仕掛品となった家畜の飼育日数は40日、期末仕掛品となった家畜の飼育日数は20日、正常仕損品となった家畜の飼育日数は60日であった。なお正常仕損費を負担させる前の期末仕掛品となった家畜の素畜費は358,750円であった。

問1 正常仕損費の処理方法を飼育日数を加味した度外視法によった場合で、期末仕掛品の評価方法を先入先出法によった場合の完成品原価及び期末仕掛品原価を求めなさい。

問2 正常仕損費の処理方法を非度外視法によった場合で、期末仕掛品の評価方法を先入先出法によった場合の完成品原価及び期末仕掛品原価を求めなさい。

〔答案用紙〕

問1

完成品原価	期末仕掛品原価
円	円

問2

完成品原価	期末仕掛品原価
円	円

問題５－６　副産物等の処理

⇒ 解答Ｐ.104

次の〔資料〕に基づき、問１から問３の期末仕掛品原価及び完成品原価を算定しなさい。

〔資料〕

Ⅰ　生産データ（単位：羽）

期首仕掛品	12
当期投入	150
計	162
副産物	8
期末仕掛品	24
完成品	130

Ⅱ　原価データ（単位：円）

期首仕掛品原価	
素畜費	173,600
加工費	32,707
当期製造費用	
素畜費	2,130,000
加工費	709,920

(注) 1．完成品の家畜の飼育日数は100日である。期首仕掛品となった家畜の飼育日数は50日、期末仕掛品となった家畜の飼育日数は50日であった。副産物の負担をする前の期末仕掛品となった家畜の素畜費は340,800円であった。

2．素畜はすべて工程の始点で投入される。

3．副産物は、飼育日数を加味した度外視法と同じ要領で処理する。

4．副産物の評価額は単位当たり3,550円であり、当該評価額は素畜費から控除する。

5．原価配分法は、先入先出法による。

問１　副産物が工程始点で発生した場合

問２　副産物が工程終点で発生した場合

問３　軽微な副産物が工程終点で発生した場合。なお、当該副産物の処理は、その販売時に原価計算外の収益とするのみとする。

〔答案用紙〕

問１	期末仕掛品原価	円	完成品原価	円
問２	期末仕掛品原価	円	完成品原価	円
問３	期末仕掛品原価	円	完成品原価	円

問題5－7　異常仕損の処理(1)

⇒ 解答P.106

以下の〔資料〕に基づき、異常仕損費、期末仕掛品原価、完成品原価を算定しなさい。

〔資料〕

1．生産データ

期首仕掛品	5頭
当期投入	50頭
計	55頭
正常仕損品	6頭
異常仕損品	5頭
期末仕掛品	10頭
完成品	34頭

2．原価データ

期首仕掛品原価	
素畜費	18,700円
加工費	13,860円
当期製造費用	
素畜費	170,000円
加工費	154,440円

(注) 1．完成品の家畜の飼育日数は50日であった。期首仕掛品となった家畜の飼育日数は40日、期末仕掛品となった家畜の飼育日数は15日であった。なお正常仕損費を負担しない期末仕掛品となった家畜の素畜費は34,000円であった。また、正常仕損品となった家畜の飼育日数は25日、異常仕損品となった家畜の飼育日数は30日であった。異常仕損品となった家畜は、想定外の疫病によって死廃となったものである。

2．素畜はすべて工程の始点で投入される。

3．仕損費は飼育日数を加味した度外視法によって処理する。

4．仕損品の評価額はゼロとみなす。

5．期末仕掛品の評価方法は先入先出法を採用している。

6．計算の結果生ずる端数は円未満を四捨五入する。

問1　異常仕損にも正常仕損費を負担させる場合

問2　異常仕損には正常仕損費を負担させない場合

〔答案用紙〕

問1　異常仕損費　　円　　期末仕掛品原価　　円

　　完成品原価　　円

問2　異常仕損費　　円　　期末仕掛品原価　　円

　　完成品原価　　円

問題５－８　工程別総合原価計算・累加法

⇒ 解答Ｐ.107

当社は、単一の肉用牛を連続的に飼育、出荷している。生産データおよび原価データは下記の通りである。そこで、累加法による工程別総合原価計算を行い、答案用紙に示した勘定記入を行いなさい。

〔資料〕

１．生産データ

	前期肥育部門	後期肥育部門
期首仕掛品量	10頭	10頭
当期投入量	120頭	100頭
計	130頭	110頭
仕損品量	10頭	５頭
期末仕掛品量	20頭	10頭
工程完成品量	100頭	95頭

２．原価データ

	前期肥育部門	後期肥育部門
期首仕掛品原価		
素畜費	140,000円	—
加工費	100,000円	250,000円
前工程費	—	450,000円
当期製造費用		
素畜費	1,800,000円	—
加工費	3,330,000円	3,840,000円

3．その他

⑴　素畜は、前期肥育部門始点で投入される。

⑵　期末仕掛品の評価は、先入先出法による。

⑶　仕損は全て正常な原因によって生じたものとする。

⑷　仕損費の計算は、飼育日数を加味した度外視法による。

⑸　仕損品となった家畜は、各部門の飼育が終了した工程終点で把握されるものである。

⑹　両工程で生じた仕損品の評価額は存在しない。

⑺　前期肥育部門、後期肥育部門ともに完成品の家畜の飼育日数は100日であった。前期肥育部門の期首仕掛品となった家畜の飼育日数は40日、期末仕掛品となった家畜の飼育日数は25日であった。後期肥育部門の期首仕掛品となった家畜の飼育日数は60日、期末仕掛品となった家畜の飼育日数は20日であった。なお前期肥育部門期末仕掛品となった家畜の素畜費は300,000円であった。後期肥育部門期末仕掛品となった家畜の前工程費は492,000円であった。

〔答案用紙〕

前期肥育部門　（単位：円）

借方	金額	貸方	金額
前期繰越		後期肥育部門	
素畜費		次期繰越	
加工費			
前期繰越			

後期肥育部門　（単位：円）

借方	金額	貸方	金額
前期繰越		製品	
前期肥育部門		次期繰越	
加工費			
前期繰越			

問題５－９　工程別総合原価計算・予定振替原価の利用

⇒ 解答P.109

当社では、単一の肉用豚の生産を行っており、生産データ及び原価データは下記のとおりである。そこで、累加法による工程別総合原価計算を行い、答案用紙に示した項目の記入を行いなさい。なお、当社では、工程間で振り替えられる工程完成品を予定原価77,000円/頭をもって計算している。

〔資料〕

1．生産データ

	前期肥育部門	後期肥育部門
期首仕掛品量	12頭	30頭
当期投入量	90頭	80頭
計	102頭	110頭
正常仕損量	4頭	5頭
期末仕掛品量	18頭	15頭
工程完成品量	80頭	90頭

2．原価データ

	前期肥育部門	後期肥育部門
期首仕掛品原価		
素畜費	515,000円	―
加工費	155,000円	403,000円
前工程費	―	2,310,000円
当期製造費用		
素畜費	3,870,000円	―
加工費	2,838,000円	1,721,250円

3．その他のデータ

⑴　素畜は、前期肥育部門始点で投入される。

⑵　期末仕掛品の評価は、先入先出法による。

⑶　仕損費の計算は、非度外視法による。

⑷　前期肥育部門も後期肥育部門も完成品となる家畜の飼育日数は100日であった。前期肥育部門の期首仕掛品となった家畜の飼育日数は40日、期末仕掛品となった家畜の飼育日数は60日であった。また前期肥育部門の正常仕損品となった家畜の飼育日数は50日であった。後期肥育部門の期首仕掛品となった家畜の飼育日数は60日、期末仕掛品となった家畜の飼育日数は80日であった。また、正常仕損品となった家畜の飼育日数は50日であった。前期肥育部門の正常仕損品となった家畜には評価額はないが、後期肥育部門の正常仕損品となった家畜には総額5,750円の評価額が存在する。

⑸　前期肥育部門の正常仕損費を負担する前の期末仕掛品となった家畜の素畜費は774,000円であった。後期肥育部門の正常仕損費を負担する前の期末仕掛品となった家畜の前工程費は1,155,000円であった。

⑹　計算上端数が生じる場合には、円未満を四捨五入すること。

〔答案用紙〕

（前期肥育部門）

期末仕掛品原価	円	完成品原価	円
振替差異	円（　　）		

（注）カッコ内には、「有利」又は「不利」を記入すること。

（後期肥育部門）

期末仕掛品原価	円	完成品原価	円

問題５－10　加工費工程別総合原価計算

⇒ 解答Ｐ.110

以下の〔**資料**〕に基づき、累加法による加工費工程別総合原価計算を行い、当期の完成品（当期の製品原価（後期肥育部門の完成品原価に含まれる素畜費と加工費の合計））原価を算定しなさい。

〔**資料**〕

１．生産データ

	前期肥育部門	後期肥育部門
期首仕掛品量	10頭	10頭
当期投入量	120頭	100頭
投入量合計	130頭	110頭
当期完成品量	100頭	95頭
当期仕損量	10	5
期末仕掛品量	20	10
産出量合計	130頭	110頭

２．原価データ

<table>
<tr><th></th><th>前期肥育部門</th><th>後期肥育部門</th></tr>
<tr><td>期首仕掛品原価</td><td></td><td></td></tr>
<tr><td>素畜費</td><td colspan="2">280,000円</td></tr>
<tr><td>加工費</td><td>100,000円</td><td>250,000円</td></tr>
<tr><td>前工程費</td><td>—</td><td>310,000円</td></tr>
<tr><td>当期製造費用</td><td></td><td></td></tr>
<tr><td>素畜費</td><td>1,800,000円</td><td>—</td></tr>
<tr><td>加工費</td><td>3,330,000円</td><td>3,840,000円</td></tr>
</table>

３．その他

⑴　素畜は全て前期肥育部門の始点で投入している。

⑵　正常仕損費の計算処理は、飼育日数を加味した度外視法による。正常仕損品となった家畜は各部門の終点で発生したものである。仕損品に評価額は存在しない。

⑶　前期肥育部門、後期肥育部門ともに完成品の家畜の飼育日数は100日である。前期肥育部門の期首仕掛品の家畜の飼育日数は40日、期末仕掛品の家畜の飼育日数は25日であった。また、後期肥育部門の期首仕掛品の家畜の飼育日数は60日、期末仕掛品の家畜の飼育日数は20日であった。期末仕掛品の評価方法は先入先出法であった。

⑷　加工費工程別総合原価計算の実施にあたり、素畜費は工程別計算を実施しないで計算を行う。正常仕損費については、全て最終完成品に負担させることとする。期末仕掛品となる家畜の素畜費は450,000円であった。

〔答案用紙〕

完成品（当期の製品原価（後期肥育部門の完成品原価に含まれる素畜費と加工費の合計））原価	円

問題５－11　連産品原価の計算①

⇒ 解答P.111

当社では採卵養鶏農業を営んでおり、生産する鶏卵は「Ｌ」「Ｍ」「Ｓ」の３サイズの等級に分かれることになる。そこで以下の資料に基づき、各等級の鶏卵の完成品原価を求めなさい。

〔資料〕

１．当期の鶏卵の結合原価は12,480,000円であった。

２．生産した鶏卵は各等級とも7,000kgであった。

３．各等級の１kg当たりの卸売価格を正常市価とし、正常市価基準をもとに結合原価の按分を行う。

　卸売価格は、「Ｌ」サイズが900円/kg、「Ｍ」サイズが720円/kg、「Ｓ」サイズが540円/kgであった。

〔答案用紙〕

	Ｌサイズ	Ｍサイズ	Ｓサイズ
完成品原価	円	円	円

問題5－12　連産品原価の計算②

⇒ 解答P.112

当社は、豚を生産する畜産農家であり、部位X、部位Y、部位Zの3の部位を卸売りすることになる。当社は6次産業化を進めてきており、各部位は精肉後、さらなる加工作業を行い製品化している。各部位を連産品と捉えて原価計算を実施している。以下の〔資料〕に基づいて、諸問に答えなさい。

〔資料〕

1．分離点における結合原価総額　6,223,000円

2．連産品の生産量

部位X：1,800kg　　部位Y：2,000kg　　部位Z：1,200kg

3．分離後の個別加工費

部位X：120円/kg　　部位Y：235円/kg　　部位Z：375円/kg

4．連産品の販売単価（個別加工終了後）

部位X：1,000円/kg　　部位Y：2,000円/kg　　部位Z：2,600円/kg

問1　生産量基準に基づき、生産量の比で連結原価を各連産品に按分しなさい。

問2　各連産品の売上総利益率が等しくなるように連結原価を各連産品に按分しなさい。

問3　部位Xは副産物に準じて計算し、その価額を控除した額を部位Yと部位Zに按分しなさい。按分計算にあたっては、各連産品の正常市価を基準に行うこと。

ただし、部位Xの評価額は650円/kgとする。

〔答案用紙〕

問1

部位X	部位Y	部位Z
円	円	円

問2

部位X	部位Y	部位Z
円	円	円

問3

部位Y	部位Z
円	円

解　答　編

第２章　費目別計算

問題２－１　材料費会計－⑴　原材料勘定の金額算定

〔解答〕

	(借　方)		(貸　方)	
5日：	原材料	63,000円	買掛金	63,000円
6日：	原材料	48,000円	買掛金	48,000円
11日：	仕掛品	51,500円	原材料	51,500円
18日：	原材料	51,250円	買掛金	51,250円
22日：	製造間接費	62,250円	原材料	62,250円
30日：	製造間接費	40,600円	原材料	40,600円
30日：	棚卸減耗損	2,050円	原材料	2,050円

原　材　料　(単位：円)

日付	摘要	金額	日付	摘要	金額
4/1	前月繰越	(30,000)	4/11	仕掛品	(51,500)
5	買掛金	(63,000)	22	製造間接費	(62,250)
6	買掛金	(48,000)	30	製造間接費	(40,600)
18	買掛金	(51,250)	30	棚卸減耗損	(2,050)
			30	次月繰越	(35,850)
		(192,250)			(192,250)
5/1	前月繰越	(35,850)			

〔解説〕

1．原材料の材料元帳（先入先出法）

日	摘要	入　庫			出　庫			残　高		
		数量(kg)	単価(円/kg)	金額(円)	数量(kg)	単価(円/kg)	金額(円)	数量(kg)	単価(円/kg)	金額(円)
1	前月繰越	100	200	20,000				100	200	20,000
5	仕　入	300	210	63,000				100	200	20,000
								300	210	63,000
11	出　庫				100	200	20,000			
					150	210	31,500	150	210	31,500
18	仕　入	250	205	51,250				150	210	31,500
								250	205	51,250
22	出　庫				150	210	31,500			
					150	205	30,750	100	205	20,500
30	減　耗				10	205	2,050	90	205	18,450
	計				560		115,800			
	残　高				90	205	18,450			
		650		134,250	650		134,250			

2．補助材料に関する計算

補　助　材　料

前月繰越	200個	@50円	10,000円	700個	@58円	40,600円	当月消費
当月仕入	800個	@60円	48,000円	300個	@58円	17,400円	次月繰越
計	1,000個	@58円	58,000円	1,000個	@58円	58,000円	

問題２－２　材料費会計－(2)　材料消費額の計算

〔解答・解説〕

問１　①　243,480円　　②　3,480円（借方）

③　61,920円

１．材料元帳（先入先出法）

日	摘要	入　　庫			出　　庫			残　　高		
		数量(kg)	単価(円/kg)	金額(円)	数量(kg)	単価(円/kg)	金額(円)	数量(kg)	単価(円/kg)	金額(円)
1	繰越	100	490	49,000				100	490	49,000
2	入庫	200	508	101,600				100	490	49,000
								200	508	101,600
4	出庫				100	490	49,000	50	508	25,400
					150	508	76,200			
12	入庫	300	516	154,800				50	508	25,400
								300	516	154,800
18	出庫				50	508	25,400	120	516	61,920
					180	516	92,880			
	計				480		243,480			
	(残高)				120	516	61,920			
		600		305,400	600		305,400			

２．実際消費価格を用いた場合の材料費：243,480円

３．予定消費価格を用いた場合の材料費：@500円×(250kg＋230kg)＝240,000円

４．材料消費価格差異：240,000円－243,480円＝－3,480円（不利＝借方）

５．月末材料在高：61,920円（実際消費価格を用いても予定消費価格を用いても同じ）

問２　①　244,320円　②　4,320円（借方）

③　61,080円

1．材料元帳（総平均法）

日	摘要	入庫			出庫			残高		
		数量(kg)	単価(円/kg)	金額(円)	数量(kg)	単価(円/kg)	金額(円)	数量(kg)	単価(円/kg)	金額(円)
1	繰越	100	490	49,000				100	490	49,000
2	入庫	200	508	101,600				300		
4	出庫				250			50		
12	入庫	300	516	154,800				350		
18	出庫				230			120	509	61,080
	計				480	*509	244,320			
	(残高)				120	509	61,080			
		600		305,400	600		305,400			

＊：(49,000円＋101,600円＋154,800円)÷600kg＝@509円

2．実際消費価格を用いた場合の材料費：244,320円

3．予定消費価格を用いた場合の材料費：@500円×(250kg＋230kg)＝240,000円

4．材料消費価格差異：240,000円－244,320円＝－4,320円（不利＝借方）

5．月末材料在高：61,080円（実際消費価格を用いても予定消費価格を用いても同じ）

問３　①　243,720円　②　3,720円（借方）

③　61,680円

1．材料元帳（移動平均法）

日	摘要	入　庫			出　庫			残　高		
		数量(kg)	単価(円/kg)	金額(円)	数量(kg)	単価(円/kg)	金額(円)	数量(kg)	単価(円/kg)	金額(円)
1	繰越	100	490	49,000				100	490	49,000
2	入庫	200	508	101,600				300	502	150,600
4	出庫				250	502	125,500	50	502	25,100
12	入庫	300	516	154,800				350	514	179,900
18	出庫				230	514	118,220	120	514	61,680
	計				480		243,720			
	(残高)				120	514	61,680			
		600		305,400	600		305,400			

2．実際消費価格を用いた場合の材料費：243,720円

3．予定消費価格を用いた場合の材料費：@500円×(250kg＋230kg)＝240,000円

4．材料消費価格差異：240,000円－243,720円＝－3,720円（不利＝借方）

5．月末材料在高：61,680円（実際消費価格を用いても予定消費価格を用いても同じ）

問題２－３　材料費会計－(3)　購入原価の算定

〔解答〕

問１　155,650円

問２　156,950円

問３　159,350円

〔解説〕

問1　150,000円＋1,600円(引取運賃)＋2,100円(買入手数料)＋650円(関税)
＋500円(荷役費)＋800円(保険料)＝155,650円

問2　150,000円＋1,600円＋2,100円＋650円＋500円＋800円＋900円(選別費)
＋400円(手入費)＝156,950円

問3　150,000円＋800円＋400円＋1,600円＋900円＋2,100円＋650円＋600円＋300円
＋500円＋800円＋700円＝159,350円

問題2－4　材料費会計－(4)　材料副費の取扱い

〔解答〕

問1　18円/kg

問2　159,250円

問3　100円（不利）

〔解説〕

問1　172,800円÷9,600kg＝18円/kg

問2　150,000円＋(1,600円＋2,100円＋650円＋500円＋800円)＋18円/kg×200kg
＝159,250円

問3　18円/kg×200kg－(800円＋400円＋900円＋600円＋300円＋700円)
＝－100円（不利差異）

問題2－5　材料費会計－(5)　農業会計の例外的な会計処理

〔解答〕

（単位：円）

	(借　方)		(貸　方)	
	勘定科目	金額	勘定科目	金額
問1	種苗費	52,000	買掛金	50,000
			未払金	2,000
問2	肥料費	4,500	買掛金	4,000
			未払金	500
問3	原材料	200	肥料費	200

問題２－６　材料費会計－(6)　棚卸減耗損

〔解答〕

問１　棚卸減耗損　5,040円

原　材　料　(単位：円)

日付	摘要	金額	日付	摘要	金額
4/1	前月繰越	199,200	4/10	仕掛品	1,203,200
4/5	買掛金	1,255,000	4/25	仕掛品	830,600
4/20	買掛金	756,000	4/30	棚卸減耗損	5,040
			4/30	次月繰越	171,360
		2,210,200			2,210,200
5/1	前月繰越	171,360			

仕　掛　品　(単位：円)

日付	摘要	金額	日付	摘要	金額
4/10	原材料	1,203,200			
4/25	原材料	830,600			

問２　棚卸減耗損　5,040円

材料消費価格差異　8,800円（不利）

原　材　料　(単位：円)

日付	摘要	金額	日付	摘要	金額
4/1	前月繰越	199,200	4/10	仕掛品	1,200,000
4/5	買掛金	1,255,000	4/25	仕掛品	825,000
4/20	買掛金	756,000	4/30	材料消費価格差異	8,800
			4/30	棚卸減耗損	5,040
			4/30	次月繰越	171,360
		2,210,200			2,210,200
5/1	前月繰越	171,360			

仕　掛　品　(単位：円)

日付	摘要	金額	日付	摘要	金額
4/10	原材料	1,200,000			
4/25	原材料	825,000			

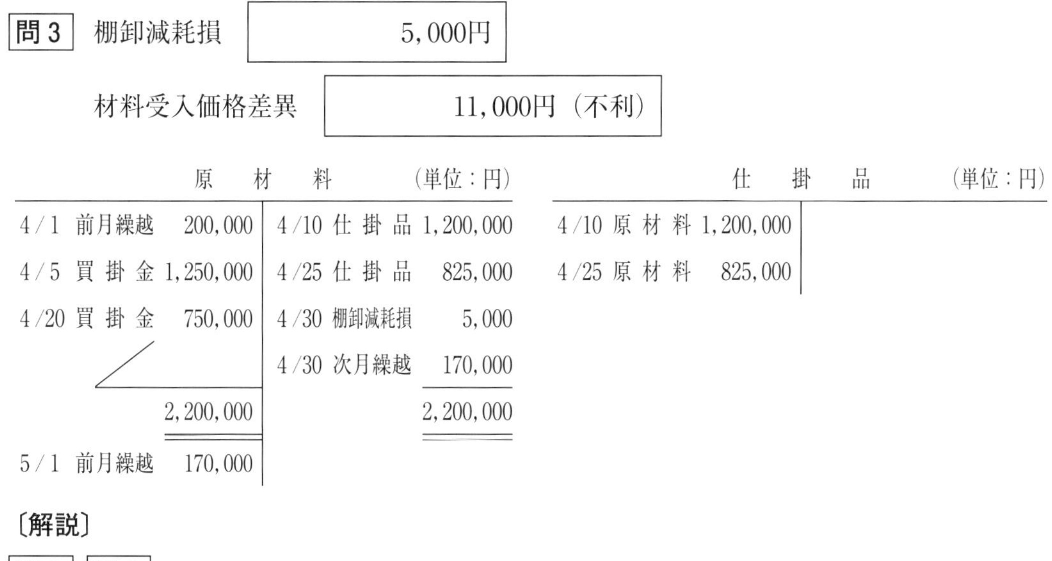

問３　棚卸減耗損　5,000円

材料受入価格差異　11,000円（不利）

原　材　料　（単位：円）

4/1	前月繰越	200,000	4/10	仕 掛 品	1,200,000
4/5	買 掛 金	1,250,000	4/25	仕 掛 品	825,000
4/20	買 掛 金	750,000	4/30	棚卸減耗損	5,000
			4/30	次月繰越	170,000
		2,200,000			2,200,000
5/1	前月繰越	170,000			

仕　掛　品　（単位：円）

4/10	原 材 料	1,200,000			
4/25	原 材 料	825,000			

〔解説〕

問１　**問２**

１．材料元帳（先入先出法）

日	摘要	入　庫			出　庫			残　高		
		数量(kg)	単価(円/kg)	金額(円)	数量(kg)	単価(円/kg)	金額(円)	数量(kg)	単価(円/kg)	金額(円)
1	前月繰越	80	2,490	199,200				80	2,490	199,200
5	仕　入	500	2,510	1,255,000				80	2,490	199,200
								500	2,510	1,255,000
10	出　庫				80	2,490	199,200			
					400	2,510	1,004,000	100	2,510	251,000
20	仕　入	300	2,520	756,000				100	2,510	251,000
								300	2,520	756,000
25	出　庫				100	2,510	251,000			
					230	2,520	579,600	70	2,520	176,400
30	減　耗				2	2,520	*5,040	68	2,520	171,360
	計				812		2,038,840			
	残　高				68	2,520	171,360			
		880		2,210,200	880		2,210,200			

＊：棚卸減耗損「消費」を行っていないので、実際価格により算定する。

２．実際消費価格を用いた場合の材料費（問１ 材料元帳出庫欄（金額）の網掛け部分の合計）

199,200円＋1,004,000円＋251,000円＋579,600円＝2,033,800円

３．予定消費価格を用いた場合の材料費（問２ 材料元帳出庫額（数量）の網掛け部分を利用し算定）

2,500円/kg×（80kg＋400kg＋100kg＋230kg）＝2,025,000円

４．材料消費価格差異（問２）

2,025,000円－2,033,800円＝－8,800円（不利）

問３

１．棚卸減耗損　受入段階で予定価格を適用しているので、予定受入価格により算定する。

2,500円/kg×２kg＝5,000円

２．材料受入価格差異

2,500円/kg×（500kg＋300kg）－（2,510円/kg×500kg＋2,520円/kg×300kg）

＝－11,000円（不利）

問題２－７　労務費会計－(1)　未払賃金のない場合

〔解答〕

問１　①　560,000円　②　575,000円

③　498,000円

④

（単位：円）

	借方科目	金額		貸方科目	金額
（借）	賃金	560,000	（貸）	現金	498,000
	諸手当	15,000		預り金	77,000

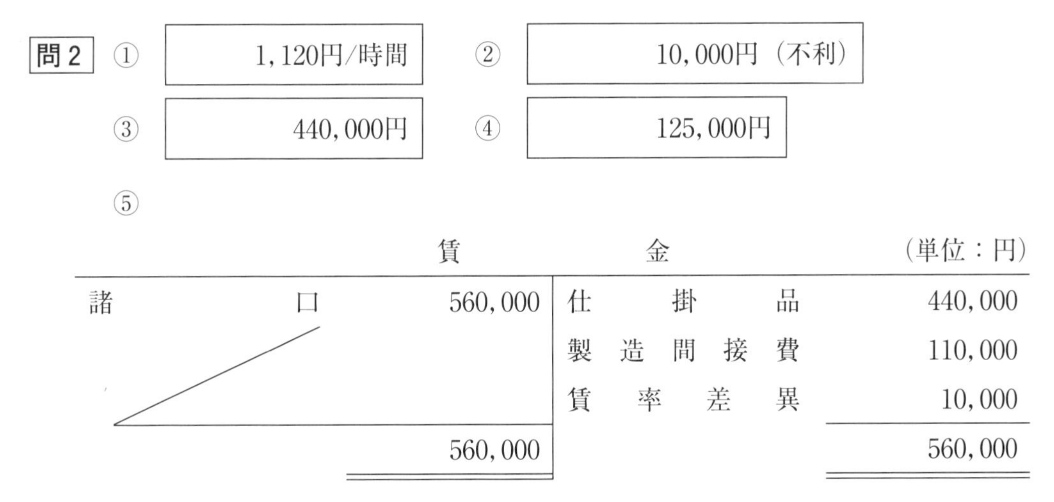

問2　①　1,120円/時間　　②　10,000円（不利）

③　440,000円　　④　125,000円

⑤

賃　　　金　　　(単位：円)

諸　口	560,000	仕　掛　品	440,000
		製造間接費	110,000
		賃率差異	10,000
	560,000		560,000

〔解説〕

問1

①　支払賃金＝支払賃率×就業時間＋加給金

＝800円/時間×500時間＋(60,000円＋100,000円)＝560,000円

②　給与総額＝支払賃金＋諸手当

＝560,000円＋(10,000円＋5,000円)＝575,000円

③　現金支給額＝給与総額－控除額

＝575,000円－(23,000円＋54,000円)＝498,000円

④　解答参照

問2

①　実際消費賃率＝(基本給＋加給金)÷就業時間

＝〔800円/時間×500時間＋(60,000円＋100,000円)〕÷500時間

＝1,120円/時間

②　賃率差異＝(予定消費賃率－実際消費賃率)×就業時間

＝(1,100円/時間－1,120円/時間)×500時間＝－10,000円（不利＝借方）

③　直接労務費＝予定消費賃率×直接作業時間

＝1,100円/時間×400時間＝440,000円

④　間接労務費＝予定消費賃率×(間接作業時間＋手待時間)＋諸手当

＝1,100円/時間×(80時間＋20時間)＋(10,000円＋5,000円)＝125,000円

⑤

賃　金　(単位：円)

借方	金額	貸方	金額
諸　口	*1 560,000	仕掛品	440,000
		製造間接費	*2 110,000
		賃率差異	10,000

諸手当　(単位：円)

借方	金額	貸方	金額
諸　口	15,000	製造間接費	15,000

＊1：支払賃金

＊2：1,100円/時間×(80時間＋20時間)＝110,000円

問題2－8　労務費会計－(2)　未払賃金がある場合

〔解答・解説〕

賃　金　(単位：円)

借方	金額	貸方	金額
諸　口	*1 20,900,000	未払費用	6,840,000
未払費用	*2 6,660,000	仕掛品	*3 17,640,000
		製造間接費	*4 2,862,000
		営業外費用	*5 18,000
		賃率差異	*6 200,000
	27,560,000		27,560,000

＊1：18,000,000円＋2,900,000円＝20,900,000円

＊2：900円/時間×(6,900時間＋70時間＋400時間＋30時間)＝6,660,000円

＊3：900円/時間×(12,200時間＋430時間＋6,900時間＋70時間)＝17,640,000円

＊4：900円/時間×(2,600時間＋400時間＋170時間＋30時間－20時間)＝2,862,000円

＊5：900円/時間×20時間＝18,000円

＊6：貸借差額

諸手当　(単位：円)

借方	金額	貸方	金額
諸　口	*800,000	製造間接費	800,000

＊：5月25日諸手当支給額

問題２－９　労務費会計－(3)　直接工の消費賃率

〔解答〕

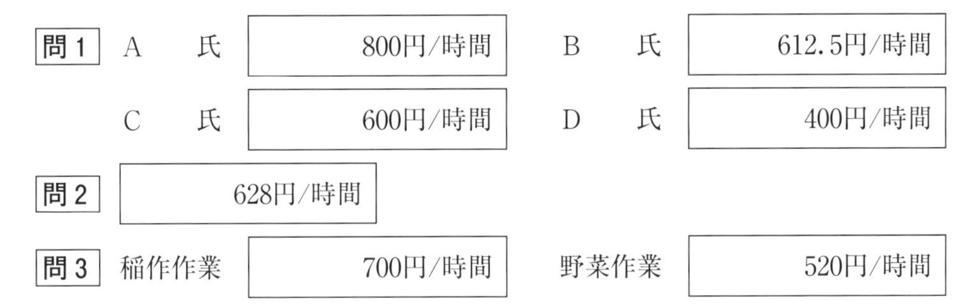

問１　A　氏　800円/時間　　B　氏　612.5円/時間

C　氏　600円/時間　　D　氏　400円/時間

問２　628円/時間

問３　稲作作業　700円/時間　　野菜作業　520円/時間

〔解説〕

問１

A氏：(100,000円＋[＊1]12,000円)÷140時間＝800円/時間

B氏：(90,000円＋[＊2]8,000円)÷160時間＝612.5円/時間

C氏：(70,000円＋[＊3]2,000円)÷120時間＝600円/時間

D氏：32,000円÷80時間＝400円/時間

加給金（本問では、残業手当・危険作業手当）の算定

＊１：A氏　12,000円　　＊２：B氏　3,000円＋5,000円＝8,000円　　＊３：C氏　2,000円

なお、家族手当・通勤手当は作業に直接関係しないので、諸手当に該当し、賃金には含まれない。

問２

(100,000円＋12,000円＋90,000円＋8,000円＋70,000円＋2,000円＋32,000円)

÷(140時間＋160時間＋120時間＋80時間)＝628円/時間

問３

稲作作業：(100,000円＋12,000円＋90,000円＋8,000円)÷(140時間＋160時間)

＝700円/時間

野菜作業：(70,000円＋2,000円＋32,000円)÷(120時間＋80時間)＝520円/時間

問題２－10　労務費会計－(4)　超過勤務手当の取扱い

〔解答〕

	賃	金	(単位：円)
諸口	962,000	仕掛品	800,000
		製造間接費	140,000
		賃率差異	22,000
	962,000		962,000

〔解説〕

	賃	金	(単位：円)
諸口	*1 962,000	仕掛品	*2 800,000
		製造間接費	*3 140,000
		賃率差異	*4 22,000
	962,000		962,000

＊１：890,000円＋48,000円＋24,000円＝962,000円

＊２：★800円/時間×1,000時間＝800,000円

★：(9,000,000円＋600,000円)÷12,000時間＝800円/時間

＊３：800円/時間×150時間＋800円/時間×25%×100時間＝140,000円

＊４：貸借差額

問題２－11　経費会計

〔解答〕

支払経費	42,800円
測定経費	50,560円
月割経費	75,000円
発生経費	34,000円

〔解説〕

1．作業委託費→支払経費

35,800円－18,000円(前月未払)＋25,000円(当月未払)＝42,800円

2．電力料→測定経費

(50,810円－11,060円)÷(34,241千kw－33,923千kw)＝125円/千kw(従量料金)

11,060円＋125円/千kw×(34,349千kw(当月末の検針)－34,033千kw(前月末の検針))＝50,560円

3．地代賃借料→月割経費

900,000円÷12＝75,000円

4．棚卸減耗損→発生経費

2,610,000円－2,576,000円＝34,000円

問題２－12　製造間接費会計－(1)　予定配賦と実際配賦

〔解答〕

問１　①　1,600円/㎡

②　作物Ａ　224,000円

作物Ｂ　160,000円

③

製　造　間　接　費　(単位：円)

借方	金額	貸方	金額
諸　口	392,400	仕　掛　品	384,000
		製造間接費配賦差異	8,400
	392,400		392,400

問２　①　作物Ａ　228,900円

作物Ｂ　163,500円

②

製　造　間　接　費　(単位：円)

借方	金額	貸方	金額
諸　口	392,400	仕　掛　品	392,400

〔解説〕

問1

1．会計期首

（1）予定配賦率の計算

4,800,000円÷3,000㎡＝1,600円/㎡

2．原価計算期中

（1）製品への予定配賦

作物A：1,600円/㎡×140㎡＝224,000円

作物B：1,600円/㎡×100㎡＝160,000円

3．原価計算期末

（1）実際発生額の集計と製造間接費配賦差異の算定

実際発生額：392,400円

予定配賦額：1,600円/㎡×（140㎡＋100㎡）＝384,000円

製造間接費配賦差異：384,000円－392,400円＝－8,400円（不利＝借方）

〔参考〕

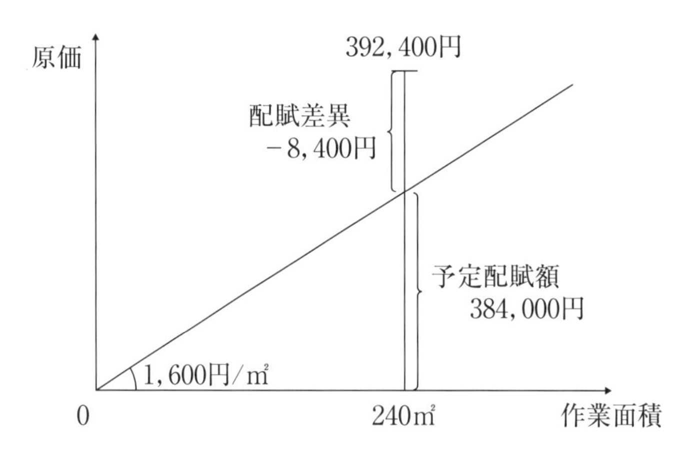

問2

1．会計期首　手続なし

2．原価計算期中　手続なし

3．原価計算期末

（1）実際発生額の集計

実際発生額：392,400円

（2）実際配賦

作物A：392,400円÷（140㎡＋100㎡）×140㎡＝228,900円

作物B：392,400円÷（140㎡＋100㎡）×100㎡＝163,500円

問題２－13　製造間接費会計－(2)　製造間接費の集計

〔解答〕

4,320,000円

〔解説〕

費目	分類	内容	金額
材料費	直接材料費	種苗費	[*1]5,480,000円
	間接材料費	肥料費	250,000円
労務費	直接労務費	作業員直接作業分	3,000,000円
	間接労務費	作業員間接作業分	1,800,000円
経費	直接経費	作業委託費	600,000円
	間接経費	棚卸減耗損	20,000円
		事務所の机・椅子等	400,000円
		福利施設負担額	150,000円
		作業場減価償却費	[*2]1,550,000円
		作業場固定資産税[*3]	150,000円
販管費	販売費	広告宣伝費	2,500,000円
		直売所販売員給料	2,000,000円
	一般管理費	一般管理費	2,200,000円
非原価項目		作業場減価償却費	450,000円
		有価証券売却損	80,000円

＊１：450,000円＋5,550,000円－520,000円＝5,480,000円

＊２：2,000,000円－450,000円＝1,550,000円

長期休止設備の減価償却費は非原価項目となるため、控除する（「原価計算基準」五参照）。

＊３：間接経費の租税公課の内訳の一つとなる（「原価計算基準」一〇参照）。

上記の表の**太字箇所**、すなわち、間接材料費・間接労務費・間接経費の合計により、製造間接費が集計される。

以上より、

250,000円＋400,000円＋1,800,000円＋20,000円＋150,000円＋1,550,000円＋150,000円
＝4,320,000円

問題２－14　製造間接費会計－(3)　固定予算の差異分析

〔解答〕

問１	1,004,000円	問２	125.5円/㎡
問３	928,700円	問４	1,004,000円

問５

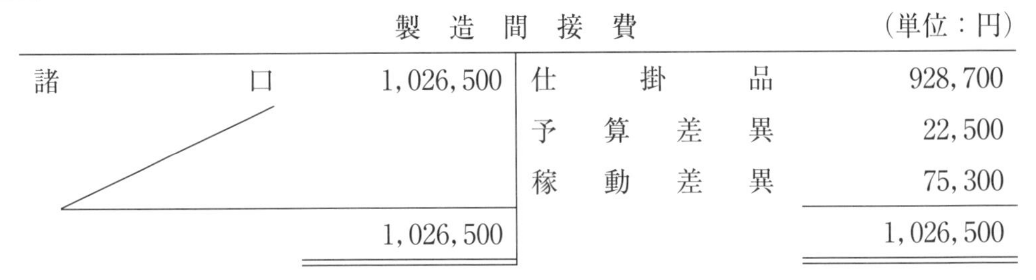

製　造　間　接　費　（単位：円）

諸　口	1,026,500	仕　掛　品	928,700
		予　算　差　異	22,500
		稼　動　差　異	75,300
	1,026,500		1,026,500

〔解説〕

１．期首

(1)　計画作業面積における予算額

1,004,000円（問１の解答）

(2)　予定配賦率の算定

1,004,000円÷8,000㎡＝125.5円/㎡（問２の解答）

２．期中

(1)　製品への予定配賦

125.5円/㎡×7,400㎡＝928,700円（問３・問５の解答）

３．期末

(1)　実際発生額の集計

1,026,500円

(2)　実際作業面積における予算額（固定予算なので、計画作業面積における予算額をそのまま用いる）

1,004,000円（問４の解答）

(3)　製造間接費配賦差異の算定

928,700円（予定配賦額）－1,026,500円（実際発生額）＝－97,800円（不利＝借方）

(4)　製造間接費配賦差異の分析

予算差異

1,004,000円（実際作業面積における予算額）－1,026,500円（実際発生額）＝－22,500円（不利＝借方）（問５の解答）

稼動差異

928,700円 − 1,004,000円 = −75,300円（不利＝借方）（問5 の解答）
予定配賦額　実際作業面積における予算額

または、125.5円/㎡×（7,400㎡ − 8,000㎡）= −75,300円（不利＝借方）
予定配賦率　実際作業面積　計画作業面積

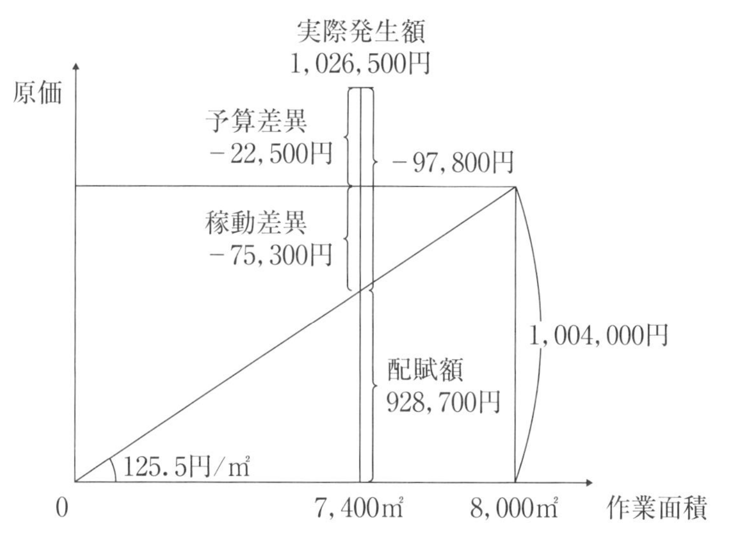

問題2−15　製造間接費会計−(4)　公式法変動予算の差異分析①

〔解答〕

問1　125.5円/㎡

問2

総　差　異	−24,325円
変動費予算差異	−3,000円
固定費予算差異	−10,000円
稼　動　差　異	−11,325円

〔解説〕

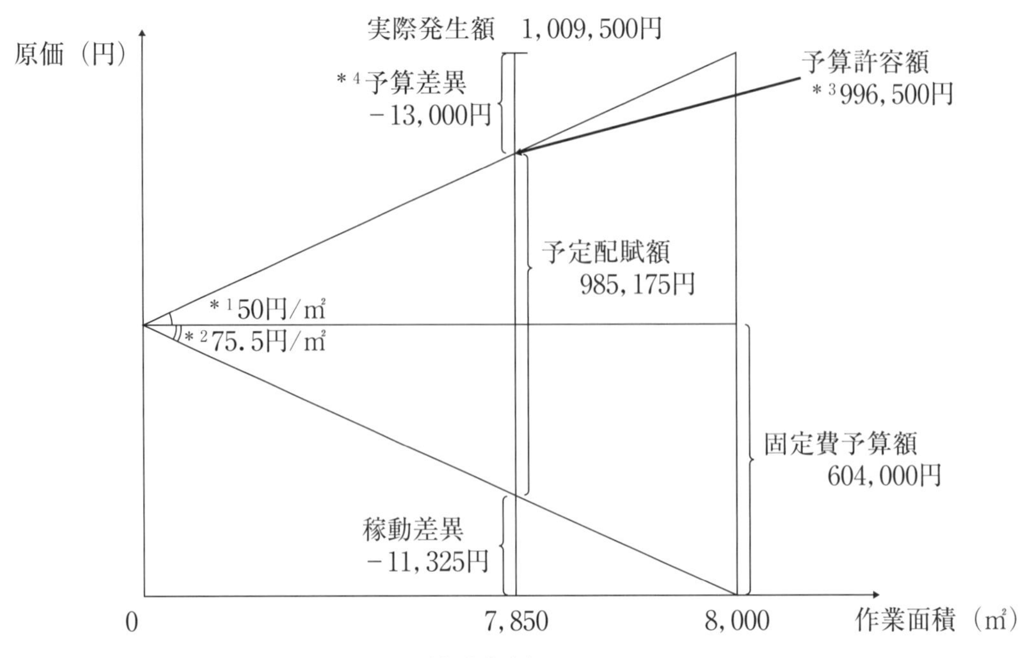

＊１：400,000円÷8,000㎡＝50円/㎡（変動費率）

＊２：(1,004,000円－400,000円)÷8,000㎡＝75.5円/㎡（固定費率）

＊３：50円/㎡×7,850㎡＋604,000円＝996,500円

＊４：予算差異の内訳は以下のとおりである。

変動費予算差異：－3,000円（＝50円/㎡×7,850㎡－395,500円）

固定費予算差異：－10,000円（＝604,000円－(1,009,500円－395,500円)）

問題２－16　製造間接費会計－⑸　公式法変動予算の差異分析②

〔解答〕

問１　125.5円/㎡

問２

総　差　異	－14,325円
予　算　差　異	－3,000円
稼　動　差　異	－11,325円

問３

費　　目	金　　額
肥　料　費	－62,250円
作業場消耗品費	1,000円
作業員間接作業	37,000円
機械減価償却費	0円
農場監督者給料	0円
修　繕　費	21,250円
予算差異合計	－3,000円

〔解説〕

問１　問２

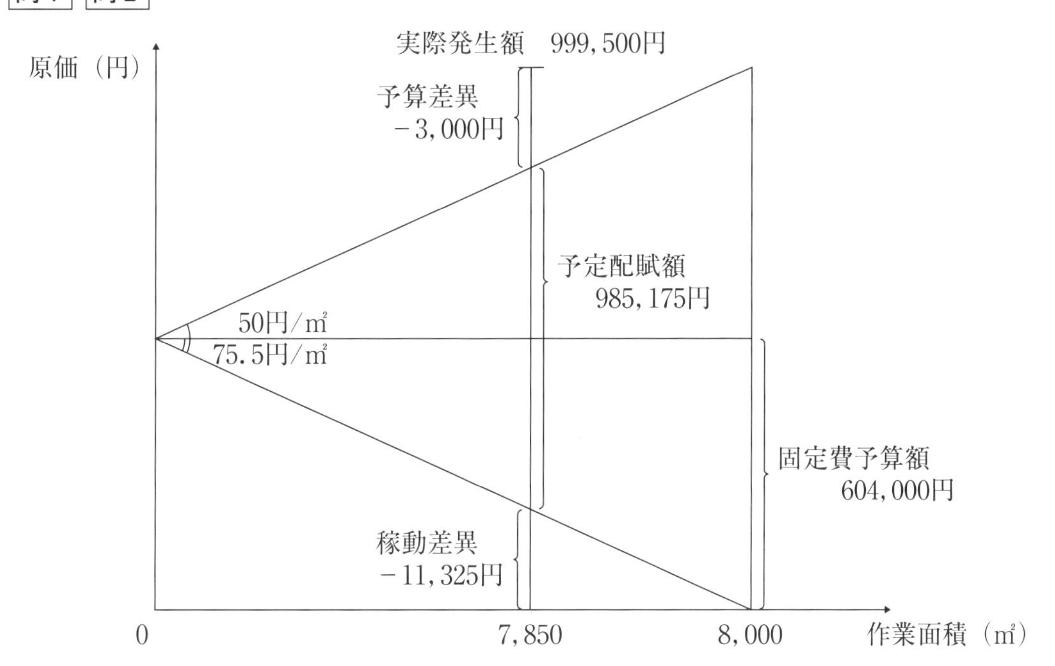

問３

費　　　目	*予算許容額	実際発生額	予算差異
肥　料　費	117,750円	180,000円	－62,250円
作業場消耗品費	59,250円	58,250円	1,000円
作業員間接作業	417,000円	380,000円	37,000円
機械減価償却費	114,000円	114,000円	0円
農場監督者給料	60,000円	60,000円	0円
修　繕　費	228,500円	207,250円	21,250円
予算差異合計	996,500円	999,500円	－3,000円

＊：変動費率×実際作業面積＋固定費予算額

例えば、作業場消耗品費は以下のように算定する。

５円/㎡（＝40,000円÷8,000㎡）×7,850㎡＋20,000円＝59,250円

第３章　部門別計算

問題３－１　部門別計算・第１次集計

〔解答〕

部門費集計表　（単位：円）

費目	合計	製造部門		補助部門	
		育苗部門	栽培部門	修繕部門	トラクター部門
部門個別費	2,020,000	960,000	640,000	240,000	180,000
部門共通費					
作業場減価償却費	600,000	*1 180,000	270,000	60,000	90,000
基本電力料	500,000	*2 225,000	200,000	75,000	—
福利厚生費	200,000	*3 100,000	70,000	20,000	10,000
部門費	3,320,000	1,465,000	1,180,000	395,000	280,000

〔解説〕

＊１：作業場減価償却費⇒配賦基準は占有面積

600,000円÷(1,080㎡＋1,620㎡＋360㎡＋540㎡)×1,080㎡＝180,000円

＊２：基本電力料⇒配賦基準は馬力時間数

500,000円÷(5,850時間＋5,200時間＋1,950時間)×5,850時間＝225,000円

＊３：福利厚生費⇒配賦基準は従業員数

200,000円÷(60人＋42人＋12人＋６人)×60人＝100,000円

問題３－２　部門別計算・第２次集計（直接配賦法）

〔解答〕

補助部門費配賦表　（単位：円）

費目	合計	製造部門		補助部門		
		育苗部門	栽培部門	トラクター部	修繕部	農場事務部
部門費合計	736,400	259,200	238,200	86,000	103,000	50,000
農場事務部費		*1 30,000	20,000			
修繕部費		*2 82,400	20,600			
トラクター費		*3 43,000	43,000			
製造部門費	736,400	414,600	321,800			

〔解説〕

＊1：50,000円÷(27人＋18人)×27人＝30,000円

＊2：103,000円÷(40時間＋10時間)×40時間＝82,400円

＊3：86,000円÷(285分＋285分)×285分＝43,000円

問題3－3　部門別計算・第2次集計（階梯式配賦法）

〔解答〕

補助部門費配賦表　　　　(単位：円)

費目	合計	製造部門		補助部門		
		育苗部門	栽培部門	*1 C補助部	*1 A補助部	*1 B補助部
部門費合計	1,377,000	580,000	650,000	50,000	54,000	43,000
B補助部費		*2 19,350	18,275	2,150	3,225	43,000
A補助部費		*3 30,520	22,890	3,815	57,225	
C補助部費		*4 44,772	11,193	55,965		
製造部門費	1,377,000	674,642	702,358			

〔解説〕

1．補助部門費配賦順位の決定

＊1：i　他の補助部門への用役提供部門数　　A補助部：1　　B補助部：2

C補助部：1

よって、配賦順位第1位はB補助部となる。

ii　部門費　　A補助部：54,000円　　C補助部：50,000円

他の補助部門への用役提供額

A　54,000円×$\frac{25時間}{375時間}$＝3,600円

C　50,000円×$\frac{35kwh}{535kwh}$＝3,271.02…円

よって、配賦順位第2位はA補助部、第3位はC補助部となる。

2．配賦額の計算

＊2：43,000円÷(18人＋17人＋3人＋2人)×18人＝19,350円

＊3：57,225円÷(200時間＋150時間＋25時間)×200時間＝30,520円

＊4：55,965円÷(400kwh＋100kwh)×400kwh＝44,772円

問題３－４　部門別計算・第２次集計（階梯式配賦法）

〔解答〕

補助部門費配賦表　　（単位：円）

費目	合計	製造部門		補助部門		
		育苗部門	栽培部門	*1 B補助部	*1 A補助部	*1 C補助部
部門費合計	21,500,000	7,500,000	5,000,000	3,000,000	3,000,000	3,000,000
C補助部費		*2 1,200,000	1,050,000	450,000	300,000	3,000,000
A補助部費		*3 1,650,000	990,000	660,000	3,300,000	
B補助部費		*4 1,644,000	2,466,000	4,110,000		
製造部門費	21,500,000	11,994,000	9,506,000			

〔解説〕

1．補助部門費配賦順位の決定

＊１：ｉ　他の補助部門への用役提供部門数　　Ａ補助部：１　Ｂ補助部：１　Ｃ補助部：２

よって、配賦順位第１位はＣ補助部となる。

ⅱ　他の補助部門への用役提供額（配賦額）

Ｂ補助部：187,500円

（＝3,000,000円÷（6,000kwh＋9,000kwh＋1,000kwh）×1,000kwh）

Ａ補助部：600,000円（＝3,000,000円÷（500時間＋300時間＋200時間）×200時間）

よって、配賦順位第２位はＡ補助部、配賦順位第３位はＢ補助部となる。

ちなみに本問の場合、Ｂ補助部とＡ補助部の部門費は同額であるため、部門費の大小で順位付けはできない。

2．配賦額の計算

＊２：3,000,000円÷（８人＋７人＋２人＋３人）×８人＝1,200,000円

＊３：3,300,000円÷（500時間＋300時間＋200時間）×500時間＝1,650,000円

＊４：4,110,000円÷（6,000kwh＋9,000kwh）×6,000kwh＝1,644,000円

問題３－５　部門別計算・第２次集計（簡便法の相互配賦法）

〔解答〕

補助部門費配賦表　　（単位：円）

費目	合計	製造部門		補助部門		
		育苗部門	栽培部門	トラクター部	修繕部	農場事務部
部門費合計	20,620,000	8,308,000	5,324,500	2,337,500	3,150,000	1,500,000
第１次配賦						
農場事務費		*1 750,000	468,750	187,500	93,750	—
修繕費		*2 1,750,000	875,000	350,000	—	175,000
トラクター費		*3 1,232,500	1,105,000	—	—	—
第２次配賦				537,500	93,750	175,000
農場事務費		*4 107,692	67,308			
修繕費		*5 62,500	31,250			
トラクター費		*6 283,409	254,091			
製造部門費	20,620,000	12,494,101	8,125,899			

〔解説〕

１．第１次配賦

＊１：1,500,000円÷(80人＋50人＋20人＋10人)×80人＝750,000円

＊２：3,150,000円÷(250時間＋125時間＋50時間＋25時間)×250時間＝1,750,000円

＊３：2,337,500円÷(580時間+520時間)×580時間＝1,232,500円

２．第２次配賦（直接配賦法と同じ要領）

＊４：175,000円÷(80人＋50人)×80人＝107,692.30…円≒107,692円（円未満四捨五入）

＊５：93,750円÷(250時間＋125時間)×250時間＝62,500円

＊６：537,500円÷(580時間＋520時間)×580時間＝283,409.09…円≒283,409円

（円未満四捨五入）

問題３－６　部門別計算・第２次集計（連立方程式法）

〔解答〕

補助部門費配賦表　（単位：円）

費　目	合　計	製造部門		補助部門		
		育苗部門	栽培部門	トラクター部	修繕部	農場事務部
部門費合計	17,895,500	6,200,000	5,980,000	2,800,000	1,445,500	1,470,000
農場事務部費		588,000	441,000	294,000	147,000	△1,470,000
修繕部費		764,400	509,600	318,500	△1,592,500	—
トラクター部費		1,706,250	1,706,250	△3,412,500	—	—
製造部門費	17,895,500	9,258,650	8,636,850	0	0	0

〔解説〕

1．最終の動力部門費（そもそもの動力部門費＋他部門から配賦された金額の合計）をX（円）、最終の修繕部門費をY（円）、最終の工場事務部門費をZ（円）とおくと、補助部門費の各部門への配賦額は下記の表のように示される。

配賦基準	製造部門		補助部門		
	育苗部門	栽培部門	トラクター部	修繕部	農場事務部
トラクター運転時間	0.5X	0.5X	△X	—	—
修繕時間	0.48Y	0.32Y	0.2Y	△Y	—
従業員数	0.4Z	0.3Z	0.2Z	0.1Z	△Z

$$\begin{cases} X = 2,800,000 + 0.2Y + 0.2Z \cdots ① \\ Y = 1,445,500 + 0.1Z \cdots ② \\ Z = 1,470,000 \cdots ③ \end{cases}$$

これを解いて、X＝3,412,500（円）、Y＝1,592,500（円）、Z＝1,470,000（円）

問題3－7　部門別計算・予定配賦と第1次～第3次集計

〔解答〕

問1

育　成　部　1,250円/日　　肥　育　部　1,811.25円/日

問2

育　成　部　6,837,500円　　肥　育　部　4,473,787.5円

問3

	育　成　部	肥　育　部
予　算　差　異	△127,485円	1,385円
稼　動　差　異	△84,375円	△54,337.5円

〔解説〕

問1

期首の計算手続
1）製造間接費予算額の各原価部門への集計（部門個別費の賦課と部門共通費の配賦）
2）補助部門費の製造部門への配賦
3）製造部門費予定配賦率の算定

1．製造間接費予算額の各原価部門への集計

部　門　費　集　計　表　　　　（単位：円）

費　　目	育　成　部	肥　育　部	飼　料　部	修　繕　部
部門個別費				
間接材料費	18,700,000	7,600,000	4,000,000	2,700,000
間接労務費	6,000,000	10,000,000	2,400,000	5,000,000
部門共通費				
建物減価償却費	*1 16,500,000	8,250,000	3,300,000	4,950,000
福利施設負担額	*2 28,800,000	18,000,000	600,000	600,000
部　門　費	70,000,000	43,850,000	10,300,000	13,250,000

＊1：33,000,000円÷6,000㎡×3,000㎡＝16,500,000円

＊2：48,000,000円÷800人×480人＝28,800,000円

２．補助部門費の製造部門への配賦

補助部門費配賦表　（単位：円）

費　　目	合　　計	製造部門		補助部門	
		育成部	肥育部	飼料部	修繕部
部門費合計	137,400,000	70,000,000	43,850,000	10,300,000	13,250,000
飼料費		6,437,500	3,862,500		
修繕費		6,625,000	6,625,000		
製造部門費	137,400,000	83,062,500	54,337,500		

３．製造部門費予定配賦率の算定

育成部：83,062,500円÷66,450日＝1,250円/日

肥育部：54,337,500円÷30,000日＝1,811.25円/日

問２

期中の計算手続

製造部門費の製品（仕掛品勘定）への予定配賦

各製造部門の予定配賦額の算定

育成部：1,250円/日×5,470日＝6,837,500円

肥育部：1,811.25円/日×2,470日＝4,473,787.5円

問３

期末の計算手続
1）　製造間接費実際発生額の各原価部門への集計（部門個別費の賦課と部門共通費の配賦）
2）　補助部門費の製造部門への配賦
3）　原価差異の算定・分析

1．製造間接費実際発生額の各原価部門への集計

部門費集計表　（単位：円）

費目	育成部	肥育部	飼料部	修繕部
部門個別費				
間接材料費	1,538,200	630,750	403,500	220,000
間接労務費	492,500	843,250	277,900	420,000
部門共通費				
建物減価償却費	*1 1,375,000	687,500	275,000	412,500
福利施設負担額	*2 2,400,000	1,500,000	50,000	50,000
部門費	5,805,700	3,661,500	1,006,400	1,102,500

＊１：16,500,000円÷12カ月＝1,375,000円（〔**資料**〕３.(2)(3)より）
＊２：28,800,000円÷12カ月＝2,400,000円（〔**資料**〕３.(2)(3)より）

2．補助部門費の製造部門への配賦

補助部門費配賦表　（単位：円）

費目	合計	製造部門		補助部門	
		育成部	肥育部	飼料部	修繕部
部門費合計	11,576,100	5,805,700	3,661,500	1,006,400	1,102,500
飼料部費		*1 670,933	335,467		
修繕部費		*2 572,727	529,773		
製造部門費	11,576,100	7,049,360	4,526,740		

＊１：1,006,400円×800kg÷(800kg＋400kg)＝670,933.33…円≒670,933円（円未満四捨五入）
＊２：1,102,500円×200ｈ÷(200ｈ＋185ｈ)＝572,727.27…円≒572,727円（円未満四捨五入）

3．原価差異の算定・分析

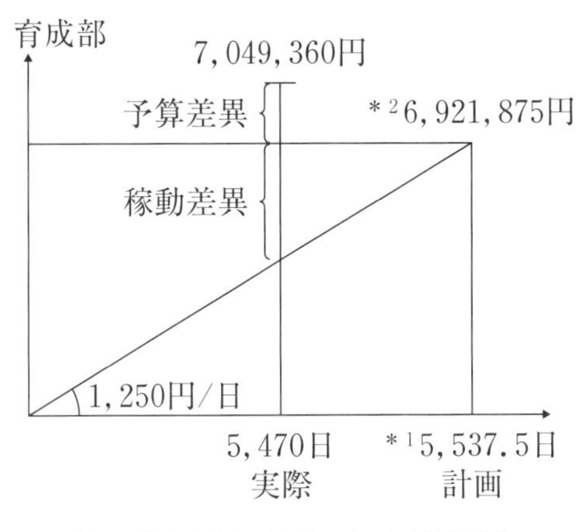

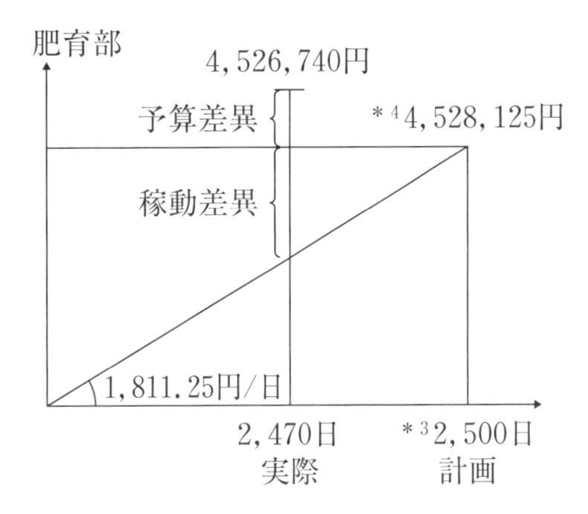

＊１：66,450日÷12カ月＝5,537.5日　　＊３：30,000日÷12カ月＝2,500日

＊２：83,062,500円÷12カ月＝6,921,875円　　＊４：54,337,500円÷12カ月＝4,528,125円

（注）補助部はその実際発生額を配賦しているので、原価差異は生じない。

育成部

予算差異：6,921,875円－7,049,360円＝△127,485円（不利）

稼動差異：1,250円/日×(5,470日－5,537.5日)＝△84,375円（不利）

肥育部

予算差異：4,528,125円－4,526,740円＝1,385円（有利）

稼動差異：1,811.25円/ｈ×(2,470日－2,500日)＝△54,337.5円（不利）

問題３－８　部門別計算・予算差異の費目別分析

〔解答〕

問１　育成部門　870円/時

問２

	予算差異	稼動差異
育成部門	－18,820円	－82,800円
動力部門	－9,340円	－17,850円

問３

費　　目	予算許容額	実際発生額	予算差異
間接材料費	579,300円	585,000円	－5,700円
作業員間接作業	1,048,960円	1,068,300円	－19,340円
機械減価償却費	1,000,000円	1,000,000円	0円
福利厚生費	360,000円	357,000円	3,000円
動力部門費	454,480円	451,260円	3,220円
合　　計	3,442,740円	3,461,560円	－18,820円

〔解説〕

問１

（期首）

(1)　各原価部門への部門個別費予算額の賦課・部門共通費予算額の配賦（問題文に所与）

(2)　補助部門費予算額の製造部門への配賦

①　変動費率

80円/kwh×2,000kwh÷4,000直接作業時間＝40円/時

②　固定費額

動力部門の固定費率：510,000円÷3,400kwh＝150円/kwh

固定費額：150円/kwh×2,000kwh＝300,000円

(3)　育成部門予定配賦率の算定

①　変動費率

150円/時＋80円/時＋40円/時＝270円/時

②　固定費率

2,400,000円（＝740,000円＋1,000,000円＋360,000円＋300,000円）

÷4,000直接作業時間＝600円/時

③　合計

270円/時＋600円/時＝870円/時

問2

（期中）

製造部門費の製品への予定配賦

育成部門費：870円/時×3,862時＝3,359,940円

（期末）

(1)　各原価部門への部門個別費実際発生額の賦課・部門共通費実際発生額の配賦（問題文に所与）

(2)　補助部門費予定配賦額の製造部門への配賦

動力部門費予定配賦率

80円/kwh（変動費率）＋150円/kwh（固定費率）＝230円/kwh

育成部門への予定配賦額

230円/kwh×1,962kwh＝451,260円

(3)　製造間接費配賦差異の算定・分析

①　育成部門

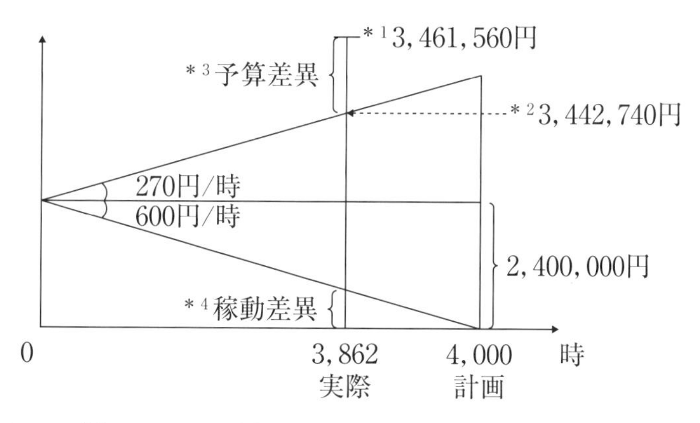

＊1：585,000円＋1,068,300円＋1,000,000円＋357,000円＋451,260円
　　＝3,461,560円…実際発生額

＊2：270円/時×3,862時＋2,400,000円＝3,442,740円…予算許容額

＊3：3,442,740円－3,461,560円＝－18,820円（不利）

＊4：600円/時×（3,862時－4,000時）＝－82,800円（不利）

② 動力部門

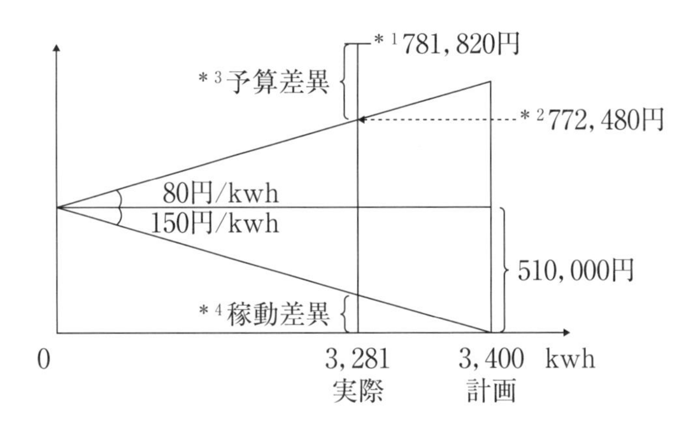

＊１：実際発生額

＊２：80円/kwh×3,281kwh＋510,000円＝772,480円…予算許容額

＊３：772,480円－781,820円＝－9,340円（不利）

＊４：150円/kwh×(3,281kwh－3,400kwh)＝－17,850円（不利）

予定配賦額を製造部門に配賦しているため、動力部門において予算差異と稼動差異が把握される。

問３

(1) 間接材料費

予算許容額：150円/時×3,862時＝579,300円

予 算 差 異：579,300円－585,000円＝－5,700円（不利）

(2) 作業員間接作業

予算許容額：80円/時×3,862時＋740,000円＝1,048,960円

予 算 差 異：1,048,960円－1,068,300円＝－19,340円（不利）

(3) 機械減価償却費

予算許容額：1,000,000円

予 算 差 異：1,000,000円－1,000,000円＝０円

(4) 福利厚生費

予算許容額：360,000円

予 算 差 異：360,000円－357,000円＝3,000円（有利）

(5) 動力部門費

予算許容額：40円/時×3,862時＋300,000円＝454,480円

予 算 差 異：454,480円－*451,260円＝3,220円（有利）

＊：230円/kwh×1,962kwh＝451,260円

(6)　合計

－5,700円－19,340円＋０円＋3,000円＋3,220円＝－18,820円（不利）

問題３－９　部門共通費の配賦（一般費の処理）

〔解答〕

問１

部門費集計表　（単位：円）

費目	合計	育成部門	肥育部門	動力部門	一般費
部門個別費	210,000	90,000	70,000	50,000	—
部門共通費					
建物減価償却費	246,000	*1 96,000	88,000	62,000	—
守衛費等その他	54,000	—	—	—	*2 54,000
部門費合計	510,000	186,000	158,000	112,000	54,000
動力部門費		67,200	*3 44,800	112,000	—
製造部門費	456,000	253,200	202,800		

問２　（単位：円）

育成部門

借方		貸方	
諸口	186,000	(仕掛品－家畜A)	109,600
(動力部門)	67,200	(仕掛品－家畜B)	143,600

肥育部門

借方		貸方	
諸口	158,000	(仕掛品－家畜A)	83,850
(動力部門)	44,800	(仕掛品－家畜B)	118,950

動力部門

借方		貸方	
諸口	112,000	(育成部門)	67,200
		(肥育部門)	44,800

一般費

借方		貸方	
諸口	54,000	(仕掛品－家畜A)	21,600
		(仕掛品－家畜B)	32,400

仕掛品－家畜A

借方		貸方	
(育成部門)	109,600	(製品－家畜A)	215,050
(肥育部門)	83,850		
(一般費)	21,600		

仕掛品－家畜B

借方		貸方	
(育成部門)	143,600	(製品－家畜B)	294,950
(肥育部門)	118,950		
(一般費)	32,400		

〔解説〕

1．各原価部門への部門個別費実際発生額の賦課（問題文に所与）・部門共通費実際発生額の配賦

(1) 建物減価償却費の配賦（＊１）

$$246,000円 \times \frac{240m^2}{240m^2 + 220m^2 + 155m^2} = 96,000円$$

(2) 守衛費等その他（＊２）

一般費（抽象的な補助部門）として処理する。

2．補助部門費実際発生額の製造部門への配賦

動力部門費の配賦（＊３）

$$112,000円 \times \frac{740kwh}{1,110kwh + 740kwh} = 44,800円$$

3．製造部門費の製品への実際配賦・一般費の製品への配賦

(1) 製造部門費実際配賦率

育成部門：253,200円÷(274時間＋359時間)＝400円/時間

肥育部門：202,800円÷(215時間＋305時間)＝390円/時間

(2) 製造部門費実際配賦額・一般費配賦額（家畜A）

育成部門：400円/時間×274時間＝109,600円

肥育部門：390円/時間×215時間＝83,850円

一　般　費：$54,000円 \times \frac{876千円}{876千円 + 1,314千円} = 21,600円$

(3) 製造部門費実際配賦額・一般費配賦額（家畜B）

育成部門：400円/時間×359時間＝143,600円

肥育部門：390円/時間×305時間＝118,950円

一　般　費：$54,000円 \times \frac{1,314千円}{876千円 + 1,314千円} = 32,400円$

第４章　個別原価計算

問題４－１　個別原価計算　原価計算表の作成・仕掛品勘定の記入

〔解答・解説〕

当期指示書別原価計算表　(単位：円)

	ジャガイモ	タマネギ	ニンジン	合　計
期首仕掛品原価	165,000	—	—	165,000
当期製造費用				
直接材料費	*1 40,000	60,000	80,000	180,000
直接労務費	*2 140,000	260,000	200,000	600,000
直接経費	*3 70,000	90,000	50,000	210,000
製造間接費	*4 105,000	195,000	150,000	450,000
合　計	520,000	605,000	480,000	1,605,000
備　考	完　成	完　成	仕掛中	—

＊１：200円/kg×200kg＝40,000円

＊２：400円/時間×350時間＝140,000円

＊３：〔資料〕５.より

＊４：製造間接費の実際配賦率の算定

450,000円÷1,500直接作業時間＝300円/時間

配賦額の算定：300円/時間×350時間＝105,000円

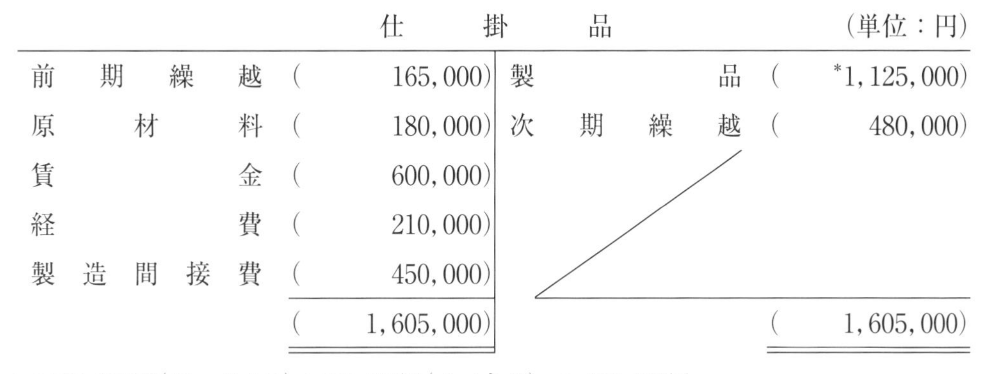

仕　掛　品　(単位：円)

借方	金額	貸方	金額
前期繰越	(165,000)	製品	(*1,125,000)
原材料	(180,000)	次期繰越	(480,000)
賃金	(600,000)		
経費	(210,000)		
製造間接費	(450,000)		
	(1,605,000)		(1,605,000)

＊：520,000円(ジャガイモ)＋605,000円(タマネギ)＝1,125,000円

問題4－2　個別原価計算　単純個別原価計算の記帳方法

〔解答・解説〕

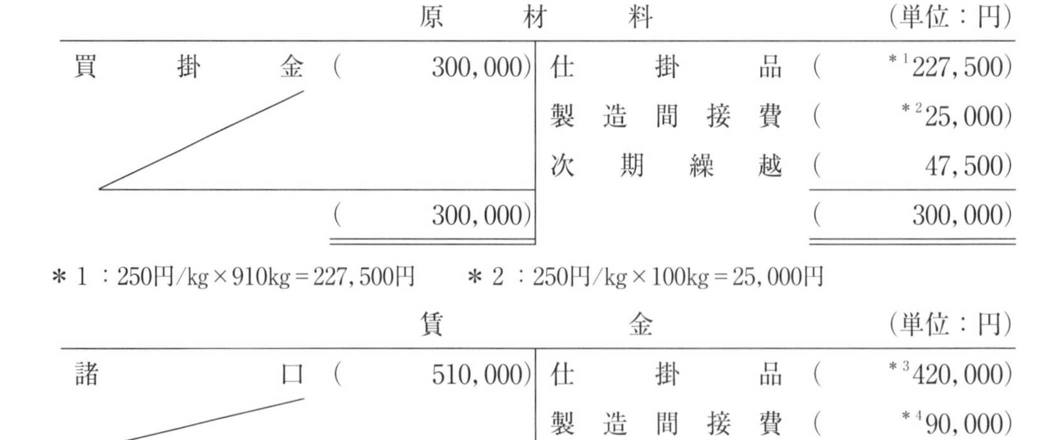

原　材　料　（単位：円）

借方	金額	貸方	金額
買掛金	(300,000)	仕掛品	(*1 227,500)
		製造間接費	(*2 25,000)
		次期繰越	(47,500)
	(300,000)		(300,000)

＊1：250円/kg×910kg＝227,500円　　＊2：250円/kg×100kg＝25,000円

賃　　金　（単位：円）

借方	金額	貸方	金額
諸口	(510,000)	仕掛品	(*3 420,000)
		製造間接費	(*4 90,000)
	(510,000)		(510,000)

＊3：300円/時間×1,400時間＝420,000円

＊4：300円/時間×300時間＝90,000円

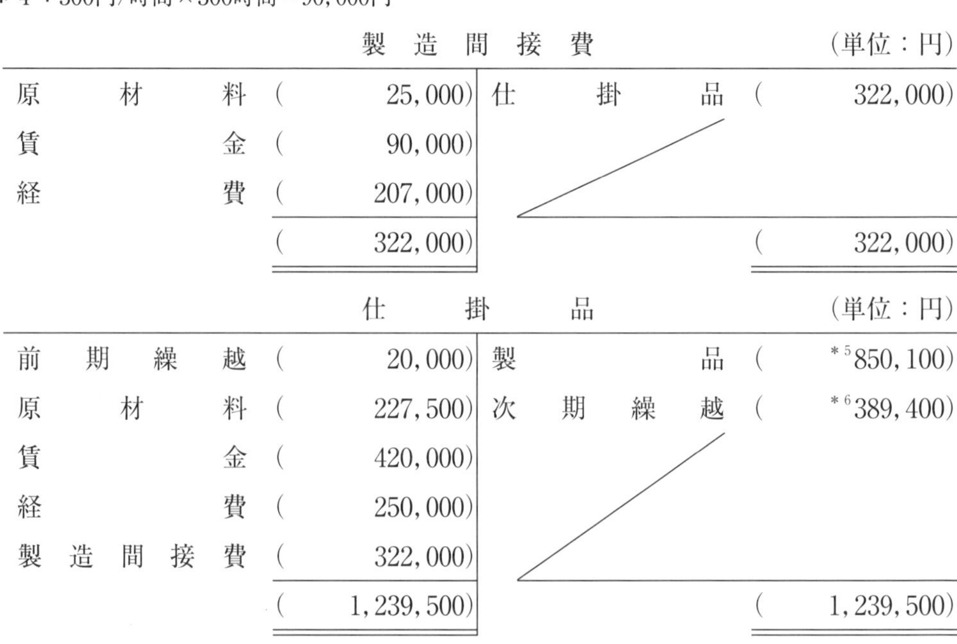

製造間接費　（単位：円）

借方	金額	貸方	金額
原材料	(25,000)	仕掛品	(322,000)
賃金	(90,000)		
経費	(207,000)		
	(322,000)		(322,000)

仕　掛　品　（単位：円）

借方	金額	貸方	金額
前期繰越	(20,000)	製品	(*5 850,100)
原材料	(227,500)	次期繰越	(*6 389,400)
賃金	(420,000)		
経費	(250,000)		
製造間接費	(322,000)		
	(1,239,500)		(1,239,500)

＊5：20,000円＋52,500円＋96,000円＋125,000円＋73,600円

＝367,100円（ジャガイモの完成品原価）

100,000円＋180,000円＋65,000円＋138,000円＝483,000円（タマネギの完成品原価）

367,100円＋483,000円＝850,100円

＊6：75,000円＋144,000円＋60,000円＋110,400円＝389,400円（ニンジンの期末仕掛品原価）

〔参考〕

当期指図書別原価計算表　　　　（単位：円）

	ジャガイモ	タマネギ	ニンジン	合　計
期首仕掛品原価	20,000	—	—	20,000
当期製造費用				
直接材料費	*1 52,500	100,000	75,000	227,500
直接労務費	*2 96,000	180,000	144,000	420,000
直接経費	*3 125,000	65,000	60,000	250,000
製造間接費	*4 73,600	138,000	110,400	322,000
合　計	367,100	483,000	389,400	1,239,500
備　考	完　成	完　成	仕掛中	—

＊1：250円/kg×210kg＝52,500円

＊2：300円/時間×320時間＝96,000円

＊3：〔**資料**〕4.より

＊4：製造間接費の実際配賦率の算定

間接材料費　250円/kg×100kg＝25,000円
間接労務費　300円/時間×300時間＝90,000円
間接経費　207,000円（〔**資料**〕3.より）
合計：322,000円

322,000円÷(320時間＋600時間＋480時間)＝230円/時間

230円/時間×320時間＝73,600円

問題４－３　原価計算表の作成・分割納入制

〔解答〕

問１

当期指示書別原価計算表　（単位：円）

	ジャガイモ	タマネギ	ニンジン	合　計
期首仕掛品原価	*1 677,400	—	—	677,400
当期製造費用				
直接材料費	—	*2 600,000	400,000	1,000,000
直接労務費	420,000	750,000	*3 675,000	1,845,000
製造間接費	336,000	*4 600,000	540,000	1,476,000
合　計	1,433,400	1,950,000	1,615,000	4,998,400
備　考	完　成	仕掛中	仕掛中	—

＊１：500円/kg×750kg＋1,000円/時間×168時間＋800円/時間×168時間＝677,400円

＊２：500円/kg×1,200kg＝600,000円

＊３：1,000円/時間×675時間＝675,000円

＊４：800円/時間×750時間＝600,000円

問２　納入製品の完成品原価　2,913,400円

〔解説〕

問２

１．前期着手当期納入分（ジャガイモ）

677,400円（期首仕掛品原価）＋1,000円/時間×420時間＋800円/時間×420時間
＝1,433,400円

２．当期着手当期納入分（タマネギ）

(1)　原価の分類

①　直接材料費　600,000円

②　加　工　費　1,350,000円（＝750,000円＋600,000円）

(2)　期末仕掛品原価

①　直接材料費　600,000円÷(400個＋200個)×200個＝200,000円

②　加　工　費　1,350,000円×20％＝270,000円

③　合　　　計　200,000円＋270,000円＝470,000円

(3)　完成品原価　600,000円＋1,350,000円－470,000円＝1,480,000円

３．納入製品の完成品原価　1,433,400円＋1,480,000円＝2,913,400円

第５章　総合原価計算

問題５－１　単純総合原価計算　期末仕掛品の評価方法の推定

〔解答〕

期末仕掛品原価	9,920,000円	完成品原価	85,975,000円

〔解説〕

１．評価方法の推定

「期首仕掛品原価の内訳が不明」なので、先入先出法と推定される。

２．先入先出法による期末仕掛品原価の計算

素畜費：2,000,000円

加工費：4,000頭×180日＋1,000頭×72日－1,250頭×108日＝657,000日

72,270,000円÷657,000日＝110円/日（１日１頭当たりの加工費）

110円/日×1,000頭×72日＝7,920,000円

合　計：2,000,000円＋7,920,000円＝9,920,000円

３．完成品原価の計算

16,125,000円＋7,500,000円＋72,270,000円－9,920,000円＝85,975,000円

問題5－2　単純総合原価計算　純粋先入先出法

〔解答〕

問1

素畜費	加工費
17,373.83円/頭	18,227.10円/頭

問2

	素畜費	加工費
期首仕掛完成分	17,000円/頭	18,900円/頭
当期着手完成分	17,500円/頭	18,000円/頭

〔解説〕

問1

修正先入先出法

1．期末仕掛品原価の計算

素畜費：700,000円

加工費：214頭×180日＋40頭×90日－54頭×45日＝39,690日

3,969,000円÷39,690日＝100円/日（1日1頭当たりの加工費）

100円/日×40頭×90日＝360,000円

2．完成品単位原価の算定

素畜費：(918,000円＋3,500,000円－700,000円)÷214頭＝17,373.831…円/頭

≒17,373.83円/頭（小数点以下第3位四捨五入）

加工費：(291,600円＋3,969,000円－360,000円)÷214頭＝18,227.102…円/頭

≒18,227.10円/頭（小数点以下第3位四捨五入）

問２

純粋先入先出法

１．期首仕掛品からの完成分の計算

素畜費：918,000円÷54頭＝17,000円/頭

加工費：{291,600円＋54頭×(180日－45日)×100円/日}÷54頭＝18,900円/頭

２．当期投入からの完成分の計算

素畜費：(3,500,000円－700,000円)÷(214頭－54頭)＝17,500円/頭

加工費：{100円×(214頭－54頭)×180日}÷160頭＝18,000円/頭

問題５－３　度外視法

〔解答〕

問　完成品原価　151,400,000円　　期末仕掛品原価　40,800,000円

〔解説〕

問

１．先入先出法による期末仕掛品原価の計算

素畜費：4,800,000円

加工費：12,000羽×100日＋4,000羽×75日－5,000羽×60日＝1,200,000日

144,000,000円÷1,200,000日＝120円/日（１日１羽当たりの加工費）

120円/日×4,000羽×75日＝36,000,000円

度外視法のため、正常仕損の羽数を無視して計算する。

合　計：4,800,000円＋36,000,000円＝40,800,000円

２．完成品原価の計算

5,000,000円＋30,000,000円＋13,200,000円＋144,000,000円－40,800,000円

＝151,400,000円

問題５－４　飼育日数を加味した度外視法(1)・非度外視法(1)

〔解答〕

問１	期末仕掛品原価	575,493円	完成品原価	9,984,747円
問２	期末仕掛品原価	576,840円	完成品原価	9,983,400円

〔解説〕

問1　先入先出法、飼育日数を加味した度外視法

1．期末仕掛品原価の算定

素畜費：$(7,111,100円-190,000円)\times\frac{60羽}{890羽-40羽}=488,548.235\cdots円$

$\fallingdotseq 488,548円$（円未満四捨五入）

期末仕掛品の飼育日数は、正常仕損の飼育日数を過ぎているため、期末仕掛品も正常仕損費を負担することになる。そのため、正常仕損の存在を無視して計算を行うことになる。

加工費：$2,067,360円\times\frac{60羽\times60日}{940羽\times100日+60羽\times60日-150羽\times80日}=86,945.046\cdots円$

$\fallingdotseq 86,945円$（円未満四捨五入）

期末仕掛品の飼育日数は、正常仕損の飼育日数を過ぎているため、期末仕掛品も正常仕損費を負担することになる。そのため、正常仕損の存在を無視して計算を行うことになる。

合　計：488,548円＋86,945円＝575,493円

2．完成品総合原価の算定

1,208,900円＋362,880円＋7,111,100円＋2,067,360円－190,000円－575,493円

＝9,984,747円

問2　先入先出法、非度外視法

1．正常仕損費の算定

素畜費：$7,111,100円\times\frac{40羽}{890羽}=319,600円$

加工費：$2,067,360円\times\frac{40羽\times50日}{940羽\times100日+40羽\times50日+60羽\times60日-150羽\times80日}$

＝47,200円

正常仕損費：319,600円＋47,200円－190,000円＝176,800円

2．期末仕掛品原価の算定

素畜費：479,400円

加工費：$2,067,360円\times\frac{60羽\times60日}{940羽\times100日+40羽\times50日+60羽\times60日-150羽\times80日}$

＝84,960円

正常仕損費負担額：$176,800円\times\frac{60羽}{940羽-150羽+60羽}=12,480円$

期末仕掛品の飼育日数は、正常仕損の飼育日数を過ぎているため、期末仕掛品も正常仕損費を負担することになる。

合　計：479,400円＋84,960円＋12,480円＝576,840円

３．完成品総合原価の算定

1,208,900円＋362,880円＋7,111,100円＋2,067,360円－190,000円－576,840円
＝9,983,400円

問題５－５　飼育日数を加味した度外視法(2)・非度外視法(2)

〔解答〕

問１

完成品原価	期末仕掛品原価
7,382,560円	414,330円

問２

完成品原価	期末仕掛品原価
7,382,560円	414,330円

〔解説〕

問１　飼育日数を加味した度外視法

先入先出法

１．期末仕掛品原価の計算

素畜費：358,750円

期末仕掛品の家畜の飼育日数が20日、正常仕損となった家畜の飼育日数が60日のため、期末仕掛品は正常仕損費を負担しない。

加工費：400頭×100日＋35頭×20日＋10頭×60日－25頭×40日＝40,300日

$$3,199,820円 \times \frac{35頭 \times 20日}{40,300日} = 55,580円$$

期末仕掛品の家畜の飼育日数が20日、正常仕損となった家畜の飼育日数が60日のため、期末仕掛品は正常仕損費を負担しない。そのため、正常仕損の飼育日数も無視することなく、当期の飼育日数を算定している。

合　計：358,750円＋55,580円＝414,330円

２．完成品原価の計算

251,800円＋75,270円＋4,305,000円＋3,199,820円－414,330円－35,000円
＝7,382,560円

問2　非度外視法

先入先出法

1．正常仕損費の計算

素畜費：$4,305,000円 \times \frac{10頭}{420頭} = 102,500円$

加工費：400頭×100日＋35頭×20日＋10頭×60日－25頭×40日＝40,300日

$3,199,820円 \times \frac{10頭 \times 60日}{40,300日} = 47,640円$

正常仕損費の算定：102,500円＋47,640円－35,000円＝115,140円

2．期末仕掛品原価の計算

素畜費：358,750円

加工費：400頭×100日＋35頭×20日＋10頭×60日－25頭×40日＝40,300日

$3,199,820円 \times \frac{35頭 \times 20日}{40,300日} = 55,580円$

合　計：358,750円＋55,580円＝414,330円

期末仕掛品の家畜の飼育日数が20日、正常仕損となった家畜の飼育日数が60日のため、期末仕掛品は正常仕損費を負担しない。そのため、期末仕掛品は正常仕損費を一切負担しないことになる。

3．完成品原価の算定

251,800円＋75,270円＋4,305,000円＋3,199,820円－414,330円－35,000円
＝7,382,560円

問題5－6　副産物等の処理

〔解答〕

問1	期末仕掛品原価	417,840円	完成品原価	2,599,987円
問2	期末仕掛品原価	399,960円	完成品原価	2,617,867円
問3	期末仕掛品原価	399,960円	完成品原価	2,646,267円

〔解説〕

問１　先入先出法

１．期末仕掛品原価の計算

副産物評価額：3,550円×８羽＝28,400円

素畜費：$(2,130,000円-28,400円)\times\frac{24羽}{130羽+24羽-12羽}=355,200円$

加工費：$709,920円\times\frac{24羽\times50日}{130羽\times100日+24羽\times50日-12羽\times50日}=62,640円$

副産物が始点で発生しているため、期末仕掛品も副産物の原価を負担するように計算を行っている。

合　計：355,200円＋62,640円＝417,840円

２．完成品原価の計算

173,600円＋32,707円＋2,130,000円＋709,920円－417,840円－28,400円

＝2,599,987円

問２　先入先出法

１．期末仕掛品原価の計算

素畜費：340,800円

加工費：$709,920円\times\frac{24羽\times50日}{130羽\times100日+24羽\times50日+8羽\times100日-12羽\times50日}$

＝59,160円

合　計：340,800円＋59,160円＝399,960円

副産物は終点発生のため、期末仕掛品は副産物の原価を一切負担しない計算を行うことになる。

２．完成品原価の計算

173,600円＋32,707円＋2,130,000円＋709,920円－399,960円－28,400円＝2,617,867円

問３　先入先出法

１．期末仕掛品原価の計算

素畜費：340,800円

加工費：$709,920円\times\frac{24羽\times50日}{130羽\times100日+24羽\times50日+8羽\times100日-12羽\times50日}$

＝59,160円

合　計：340,800円＋59,160円＝399,960円

副産物は原価計算外の収益とみなすため、原価計算上は何も処理を行わないことになる。

２．完成品原価の計算

173,600円＋32,707円＋2,130,000円＋709,920円－399,960円＝2,646,267円

問題5－7　異常仕損の処理(1)

〔解答〕

問1	異常仕損費	32,960円	期末仕掛品原価	45,880円
	完成品原価	278,160円		
問2	異常仕損費	28,880円	期末仕掛品原価	45,880円
	完成品原価	282,240円		

〔解説〕

問1　先入先出法、異常仕損にも正常仕損費を負担させる方法

1．期末仕掛品原価の計算

素畜費：34,000円

加工費：$154,440円\times\dfrac{10頭\times15日}{34頭\times50日+6頭\times25日+5頭\times30日+10頭\times15日-5頭\times40日}$
＝11,880円

期末仕掛品となった家畜の飼育日数よりも、正常仕損となった家畜の飼育日数は多いため、期末仕掛品は正常仕損費を負担しない計算を行うことになる。

合　計：34,000円＋11,880円＝45,880円

2．異常仕損費の計算

素畜費：$(170,000円-34,000円)\times\dfrac{5頭}{50頭-10頭-6頭}=20,000円$

加工費：$(154,440円-11,880円)\times\dfrac{5頭\times30日}{34頭\times50日+5頭\times30日-5頭\times40日}=12,960円$

異常仕損費にも正常仕損費を負担させることになるため（飼育日数は正常仕損品よりも異常仕損品のほうが多い）、期末仕掛品と正常仕損品を無視した負担計算を行っている。

合　計：20,000円＋12,960円＝32,960円

3．完成品原価の計算

18,700円＋13,860円＋170,000円＋154,440円－45,880円－32,960円＝278,160円

問２　先入先出法、異常仕損には正常仕損費を負担させない方法

１．期末仕掛品原価の計算

素畜費：34,000円

加工費：$154,440円 \times \frac{10頭 \times 15日}{34頭 \times 50日 + 6頭 \times 25日 + 5頭 \times 30日 + 10頭 \times 15日 - 5頭 \times 40日}$

＝11,880円

期末仕掛品となった家畜の飼育日数よりも、正常仕損となった家畜の飼育日数は多いため、期末仕掛品は正常仕損費を負担しない計算を行うことになる。

合　計：34,000円＋11,880円＝45,880円

２．異常仕損費の計算

素畜費：$170,000円 \times \frac{5頭}{50頭} = 17,000円$

加工費：$154,440円 \times \frac{5頭 \times 30日}{34頭 \times 50日 + 6頭 \times 25日 + 5頭 \times 30日 + 10頭 \times 15日 - 5頭 \times 40日}$

＝11,880円

異常仕損は正常仕損費を負担させない方法のため、期末仕掛品の算定と同じ要領で異常仕損費を算定することになる。

合　計：17,000円＋11,880円＝28,880円

３．完成品原価の計算

18,700円＋13,860円＋170,000円＋154,440円－45,880円－28,880円＝282,240円

問題５－８　工程別総合原価計算・累加法

〔解答〕

前期肥育部門　（単位：円）

借方	金額	貸方	金額
前期繰越	240,000	後期肥育部門	4,920,000
素畜費	1,800,000	次期繰越	450,000
加工費	3,330,000		
	5,370,000		5,370,000
前期繰越	450,000		

後期肥育部門　（単位：円）

前期繰越	700,000	製品	8,888,000
前期肥育部門	4,920,000	次期繰越	572,000
加工費	3,840,000		
	9,460,000		9,460,000
前期繰越	572,000		

〔解説〕

1．前期肥育部門の計算

(1)　前期肥育部門期末仕掛品原価の算定

素畜費：300,000円

加工費：100頭×100日+10頭×100日+20頭×25日－10頭×40日＝11,100日

3,330,000円×20頭×25日÷11,100日＝150,000円

正常仕損の飼育日数は100日であるため、期末仕掛品は正常仕損費を負担する必要がない。そのため、正常仕損費を負担させない計算を行っている。

合　計：300,000円＋150,000円＝450,000円

(2)　前期肥育部門完成品原価の算定

140,000円＋100,000円＋1,800,000円＋3,330,000円－300,000円－150,000円

＝4,920,000円

2．後期肥育部門の計算

(1)　後期肥育部門期末仕掛品原価の算定

前工程費：492,000円

加工費：95頭×100日＋5頭×100日＋10頭×20日－10頭×60日＝9,600日

3,840,000円×10頭×20日÷9,600日＝80,000円

後期肥育部門と同様、正常仕損の飼育日数は100日であるため、期末仕掛品は正常仕損費を負担する必要がない。そのため、正常仕損費を負担させない計算を行っている。

合　計：492,000円＋80,000円＝572,000円

(2)　完成品原価の算定

450,000円＋250,000円＋4,920,000円＋3,840,000円－572,000円＝8,888,000円

問題5－9　工程別総合原価計算・予定振替原価の利用

〔解答〕

（前期肥育部門）

期末仕掛品原価	1,171,800円	完成品原価	6,206,200円
振替差異	46,200円（不利）		

（注）カッコ内には、「有利」又は「不利」を記入すること。

（後期肥育部門）

期末仕掛品原価	1,479,585円	完成品原価	9,108,915円

〔解説〕

1．前期肥育部門の計算（非度外視法、先入先出法）

(1) 前期肥育部門正常仕損費の計算

素畜費：$3,870,000円 \times \frac{4頭}{90頭} = 172,000円$

加工費：$2,838,000円 \times \frac{4頭 \times 50日}{80頭 \times 100日 + 4頭 \times 50日 + 18頭 \times 60日 - 12頭 \times 40日}$
$= 64,500円$

合　計：172,000円＋64,500円＝236,500円

(2) 前期肥育部門期末仕掛品原価の計算

素畜費：774,000円

加工費：$2,838,000円 \times \frac{18頭 \times 60日}{80頭 \times 100日 + 4頭 \times 50日 + 18頭 \times 60日 - 12頭 \times 40日}$
$= 348,300円$

正常仕損費負担額：$236,500円 \times \frac{18頭}{80頭 - 12頭 + 18頭} = 49,500円$

合　計：774,000円＋348,300円＋49,500円＝1,171,800円

(3) 前期肥育部門完成品原価の計算

515,000円＋155,000円＋3,870,000円＋2,838,000円－1,171,800円＝6,206,200円

(4) 振替差異の計算

80頭×77,000円/頭＝6,160,000円

6,160,000円－6,206,200円＝46,200円（不利差異）

２．後期肥育部門の計算

(1)　後期肥育部門正常仕損費の計算

前工程費：$6,160,000円 \times \frac{5頭}{80頭} = 385,000円$

加 工 費：$1,721,250円 \times \frac{5頭 \times 50日}{90頭 \times 100日 + 5頭 \times 50日 + 15頭 \times 80日 - 30頭 \times 60日}$

$= 49,747.109\cdots円 \fallingdotseq 49,747円$（円未満四捨五入）

合　　計：385,000円＋49,747円－5,750円（評価額）＝428,997円

(2)　後期肥育部門期末仕掛品原価の計算

前工程費：1,155,000円

加 工 費：$1,721,250円 \times \frac{15頭 \times 80日}{90頭 \times 100日 + 5頭 \times 50日 + 15頭 \times 80日 - 30頭 \times 60日}$

$= 238,786.127\cdots円 \fallingdotseq 238,786円$（円未満四捨五入）

正常仕損費負担額：$428,997円 \times \frac{15頭}{90頭 - 30頭 + 15頭} = 85,799.4円$

$\fallingdotseq 85,799円$（円未満四捨五入）

合　　計：1,155,000円＋238,786円＋85,799円＝1,479,585円

(3)　後期肥育部門完成品原価の計算

403,000円＋2,310,000円＋6,160,000円＋1,721,250円－1,479,585円

－5,750円（評価額）＝9,108,915円

問題５－10　加工費工程別総合原価計算

〔解答〕

完成品（当期の製品原価（後期肥育部門の完成品原価に含まれる素畜費と加工費の合計））原価	8,902,000円

〔解説〕

１．前期肥育部門の計算（先入先出法、飼育日数を加味した度外視法）

(1)　期末仕掛品原価の計算

加工費：100頭×100日＋10頭×100日＋20頭×25日－10頭×40日＝11,100日

3,330,000円×20頭×25日÷11,100日＝150,000円

(2)　前期肥育部門完成品原価の計算（加工費のみ）

100,000円＋3,330,000円－150,000円＝3,280,000円

２．後期肥育部門の計算（先入先出法、飼育日数を加味した度外視法）

⑴　期末仕掛品原価の計算

前工程費：3,280,000円×10頭÷100頭＝328,000円

加　工　費：95頭×100日＋５頭×100日＋10頭×20日－10頭×60日＝9,600日

3,840,000円×10頭×20日÷9,600日＝80,000円

⑵　後期肥育部門完成品原価の計算（加工費のみ）

310,000円＋250,000円＋3,280,000円＋3,840,000円－328,000円－80,000円

＝7,272,000円

３．素畜費の計算

⑴　期末仕掛品原価の計算

450,000円

⑵　最終完成品原価の計算

280,000円＋1,800,000円－450,000円＝1,630,000円

４．解答の金額の算定

7,272,000円＋1,630,000円＝8,902,000円

問題５－11　連産品の計算①

〔解答〕

	Ｌサイズ	Ｍサイズ	Ｓサイズ
完成品原価	5,200,000円	4,160,000円	3,120,000円

〔解説〕

１．等価係数の算定

900円/kg：720円/kg：540円/kg＝１：0.8：0.6

２．積数の算定

Ｌサイズ：7,000kg×１＝7,000

Ｍサイズ：7,000kg×0.8＝5,600

Ｓサイズ：7,000kg×0.6＝4,200

3．各サイズの按分原価の算定

Lサイズ：$12,480,000円 \times \frac{7,000}{7,000+5,600+4,200} = 5,200,000円$

Mサイズ：$12,480,000円 \times \frac{5,600}{7,000+5,600+4,200} = 4,160,000円$

Sサイズ：$12,480,000円 \times \frac{4,200}{7,000+5,600+4,200} = 3,120,000円$

問題5－12　連産品原価の計算②

〔解答〕

問1

部位X	部位Y	部位Z
2,240,280円	2,489,200円	1,493,520円

問2

部位X	部位Y	部位Z
1,269,000円	2,830,000円	2,124,000円

問3

部位Y	部位Z
2,876,950円	2,176,050円

〔解説〕

問1

結合原価の按分

部位X　6,223,000円÷(1,800kg＋2,000kg＋1,200kg)×1,800kg＝2,240,280円

部位Y　6,223,000円÷(1,800kg＋2,000kg＋1,200kg)×2,000kg＝2,489,200円

部位Z　6,223,000円÷(1,800kg＋2,000kg＋1,200kg)×1,200kg＝1,493,520円

問２

１．最終製品全体の売上総利益率

売　上　高　1,000円/kg×1,800kg＋2,000円/kg×2,000kg＋2,600円/kg×1,200kg
＝8,920,000円

売 上 原 価　6,223,000円＋120円/kg×1,800kg＋235円/kg×2,000kg
＋375円/kg×1,200kg＝7,359,000円

売上総利益　8,920,000円－7,359,000円＝1,561,000円

売上総利益率　1,561,000円÷8,920,000円＝0.175

２．各連産品が負担すべき原価の総額

部位Ｘ　1,000円/kg×1,800kg×（１－0.175）＝1,485,000円

部位Ｙ　2,000円/kg×2,000kg×（１－0.175）＝3,300,000円

部位Ｚ　2,600円/kg×1,200kg×（１－0.175）＝2,574,000円

３．各連産品の結合原価按分額

部位Ｘ　1,485,000円－120円/kg×1,800kg＝1,269,000円

部位Ｙ　3,300,000円－235円/kg×2,000kg＝2,830,000円

部位Ｚ　2,574,000円－375円/kg×1,200kg＝2,124,000円

問３

１．評価額控除後の結合原価

6,223,000円－650円/kg×1,800kg＝5,053,000円

２．各連産品の正常市価

部位Ｙ　(2,000円/kg－235円/kg)×2,000kg＝3,530,000円

部位Ｚ　(2,600円/kg－375円/kg)×1,200kg＝2,670,000円

３．結合原価の按分

部位Ｙ　5,053,000円÷(3,530,000円＋2,670,000円)×3,530,000円＝2,876,950円

部位Ｚ　5,053,000円÷(3,530,000円＋2,670,000円)×2,670,000円＝2,176,050円